JCA研究ブックレット No.24

拠点づくりからの農山村再生

中塚 雅也◇著
小田切 徳美◇監修

I　はじめに

農山村の再生に向けた取り組みが拡がっています。楽しい場所にしたい、環境を良くしたい、仲間や後継者を増やしたい、収入を増やしたい、など地域の課題に対する考えは、それぞれ違うでしょうし、立場も様々だと思います。しかし、自らが関わる地域を少しでも良くしたい、なんとかしたい、という想いは同じではないでしょうか。

そうした中、最近、よく話題にあがるのは、地域の拠点づくりです。行政やＪＡ関係の使われなくなった建物を改修したもの、空き家を改修したもの、閉じてしまった小学校の校舎を再利用したもの、そして新しく建てたものなど、様々なタイプのものが、暮らし、事業、交流、学習、創造などの拠点とするべくつくられています。

このような動きが全国で拡がっている一つの理由には、農山村において、人々が「集まる場所」が急激に減少していることがあります。役場や学校をはじめ、ＪＡや郵便局などの統廃合が進むことにより、いつでも人がいる身近な場所が少なくなりました。集落の八百屋や酒屋といった小売店、喫茶店や飲み屋なども次々に閉じていき、地域内のたまり場のような場所も減っています。また、自動車の普及と道路交通網の発展は、生活圏の広域化を促し、集落内の生活サービスの必要性を低下させるとともに、集落内を歩き、ふらっと立ち寄る機会を失わせ、それがまた、「集まる場所」の減少を加速化させています。

二つ目の理由としては、住民の多様化と農山村への関心の高まりへの対応があります。地域のほとんどが農家であった時代ではなくなり、男女問わず、勤めに出る人が増え、人々のライフスタイルは多様化しています。結果、農山村であっても近隣の人と出会う機会が少なくなっています。一方で、若い人を中心に、農山村に関心をもつ人は増加しています。実際に移住をする人や、移住をしなくとも継続的に関わりを持つ人も増えており、それが地域内の多様性を高めています。また、機会があれば関わりたいと思っている都市住民も多くいます。しかしながら、こうした地域内外の多様な人々が出会う機会があまり無いというのが現状です。無いならばつくりたい、そこから、仲間を増やしたり、移住者を増やしたり、さらには、新たな活動や価値を生み出したい、と考えることから拠点づくりが進められているのです。また、最近では、全国でのこうした拠点づくりの動きが雑誌やSNSで瞬時に拡がり、その展開を促進させています。地域づくりなどに関心がある人は、地域内に拠点をつくれば、何か面白いこと、新しいことが生まれそうだ、と直感的に感じているようでもあります。

三つ目の理由は政策的な後押しです。先の2点とも関係しますが、「小さな拠点」の形成として、農山村での生活サービスや交通ネットワーク、地域コミュニティの拠点整備を進める政策が国の先導によって展開されていますし、サテライトオフィスやテレワークなど企業に農山村地域に拠点をもつことを促す政策も展開されています。

このように拠点への関心が高まるなか、本稿では、地域再生の「手段」として、拠点がどのような意味を持ちうるのか、改めて考えてみたいと思います。ここで伝えたい、やや結論を先取りした仮説的な考えは〝拠点づくり、すなわちハードとしての「場」づくりから始めることによって、人々の関係性や活動を変革し、農山村の再生を進めることが可能である〟というものです。

これ自体は、新しい考え方ではないかもしれませんが、近年では、ハコモノ行政的なものへの批判もあってか、いわゆる「ハード先行」は否定されがちです。先にしっかりした目的や計画や運営を考えた上で、その目的に沿った拠点をつくるべきという考え方が広く一般に浸透しています。それは一面、その通りで間違いではないのですが、本稿であえて伝えたいのは、極端にいえばその逆のことです。それは、〝ある程度の目的〟のもとで、先に、拠点をつくることによって停滞した状態を変えることが可能であり、拠点における新たな資源の結合によって農山村再生が進むということです。そうはいっても、もちろん、適当に何も考えずに拠点をつくればいいのではありません。その拠点のつくり方には、ちょっとしたポイントもあるでしょう。そうした点についても本稿では事例をとおして抽出していきたいと考えています。

Ⅱ「関係性の時代」と場づくり

1　人々の意識やライフスタイルの変化

先に述べたとおり農山村再生の現場で、改めて拠点づくりに注目が集まる基底には、社会意識の大きな変化があると思われます。その一端を若者を中心とした意識変化から確認したいと思います。

まず、総務省が行った「田園回帰」に関する調査結果から見てみます。「田園回帰」とは、若い世代を中心に都市部から過疎地域等の農山漁村へ移住しようとする意識の高まり、その潮流のことを指します。この調査は、2017年末に過疎関係市町村の窓口で転入届を提出した本人を対象に行ったものですが、ここからは〝自然環境や人との関係性を大事にした暮らしをしたい〟という意識が高くなっていることがみてとれます。例の一つとして「移住の際に最も重視した条件」について尋ねた結果をみてみると、「気候や自然環境に恵まれたところで暮らしたかったから」(47・4%)、「それまでの働き方や暮らし方を変えたかったから」(30・3%)、「都会の喧騒を離れて静かなところで暮らしたかったから」(27・4%)といった回答が多く、次いで、「ふるさと(出身地)で暮らしたいと思ったから」(25・2%)、「家族(配偶者、子ども、親)と一緒に暮らしたいから」(21・9%)などといった回答が続いています。

一方で、〝個人志向が高まっている〟という指摘もあります。内閣府「社会意識に関する世論調査」において、社会志向か個人志向かについて尋ねた結果では、社会志向を示す「国や社会のことにもっと目を向けるべきだ」という意見が僅かに多いものの、その割合は近年減少しており、逆に、個人志向を示す「個人生活の充実をもっと重視すべきだ」とする意見が増加している傾向がみられます。

また、「地域おこし協力隊」という、農山村への関心が極めて高い、突出した若者たちの考え方ではありますが、彼・彼女らの標榜するライフスタイルには、農村に移住して農業に携わるというステレオタイプの農的な暮らしだけでなく、農村を拠点にしながらも都市や他地域と往来しながら仕事をするようなスタイル、また、反対に、拠点は都市におきながらも、農村に頻繁に訪れるようなスタイルがあることも分かりました（柴崎・中塚、２０１７）。ここからは、従来とは違うさまざまな形で、移動を常としながら、農村と関わりを持とうとする若者の意識や行動の変化の一端がみてとれます。

このように、若者を中心として、人々の意識やライフスタイルは少しずつ変わってきています。それらは、強いてまとめるならば、自分自身の価値観を第一にしながらも、周りの人々との関係、そして地域や自然環境との関係を大事にする、そして、あまり場所に縛られず、自分のやりたいことを、地域はもとより国をも超えるような幅広い人々との繋がりの中で実現しようとする考えや行動といえるでしょう。

２　農山村が備えるべきものの変化

こうした若者の意識変化に応じて、農山村が備えるべきものも変化してきていると思われます。これには意識変化だけでなく、インターネットや道路交通網と物流の発達なども関係しています。近年では、日本中どこにいても、同じようなサービスを受けることが出来るようになりました。アクセスにおいて農山村が条件不利であることは変わりませんが、インターネットを使った情報受発信についてはほとんど差がないですし、移動についても高速道路や飛行機網などの整備により、格段に早く、便利にできるようになっています。もちろん問題も色々と残りますが、都市部との差、地域間の差は、以前とは比べようもないぐらいに縮まっています。農山村では、これまで、生活関連サービス、教育文化施設、娯楽施設など生活インフラの充実が大きな課題であり、人を引きつけるために備えるべきものだったのですが、こうした利便性だけが求められるものではなくなってきています。実際に、条件不利な山間地域や離島においても人口が増加している地域がみられますし、同時にその周りを見渡すと、同じような地理的条件にも関わらず人口が減少している地域も見られます。

このような状況は、もはや地理的な条件や利便性が、人が集まる、人を集める上でのボトルネックでは無くなり、重要度が小さくなっていることを示しています。それよりも、人は居心地がよい場所、繋がりをもてる場所に集まるようになっている、といえるのではないかと思われます。

3　関係づくりにおける「場」の力

このように関係性が重視される中、その関係性を生み出す場所について、改めて「場」という概念を用いながら考えてみたいと思います。この「場」には二つの意味があると言われています。一つは、物理的な空間、つまりハードとしての場です。建物や部屋など、目に見える場を指します。本稿で「拠点」として示しているのもこちらです。もう一つの意味は、コミュニケーションや相互作用の機会や枠組み、つまりソフトとしての場です。伊丹（2005）は、ソフトとしての場について、「人々がそこに参加し、意識・無意識のうちに相互に観察し、コミュニケーションを行い、相互に理解し、相互に働きかけ合い、相互に心理的刺激をする、その状況の枠組みのこと」と説明しています。一般に、「場」としてイメージするのは前者のハードとしての場とは思いますが、近年では後者での使われ方も浸透しています。

この二つの場の関係ですが、ここでは、次のように二層に重なるものとして考えることとします。一層目にあたるのが物理的な空間、ハードとしての場です。この上に二層目としてあるのが、相互作用を生み出す枠組みであるソフトとしての場です。この二つの場は別々に議論されることが多いのですが、本稿ではハードとしての場である地域の拠点施設に焦点をあてながらも、その上で生み出されるソフトとしての仕組みについても考えます。また、二つの場を繋ぐ視点として、出会いやコミュニケーションが生まれやすい建物や空間をどのようにつくり出すかなどについても検討します。

ところで、こうした場に関するマネジメント手法については、理論的にはいくらか整理されていますが、農山村再生の実践においては、まだまだ十分な検討はなされていません。その機能や重要性についての指摘があるのみです（中塚他：2009、中島：2018）。そこで本稿では、場の論理を援用しながら、農山村再生への取り組みに関する、基本的なアプローチの転換を訴えたいと思います。

それは、資源を集めるべく場所（ハード）をつくり、その上で、活動の源泉となる人、モノ、カネ、情報、人的な関係性などの資源を豊富にし、その資源が相互作用を起こす場（ソフト）を設計して、その先は蓋然性（偶発性）とその育成に焦点をあてるというアプローチへの転換です。それはある達成目標に向かって、人、モノ、カネなどの地域の資源配分を考え、そのための体制をつくり、活動を進めていくという従来のアプローチ、または、ある程度一般化された成功の法則（モデル）を、当該の事例に当てはめて、課題解決を図るというアプローチではありません。求められるのは、目標や特定の帰結（アウトカム）に到達するためのマネジメントでなく、目標を厳密に定めず相互作用を起こりやすくし、結果として、新しい活動や価値を生み出すようなマネジメント（蓋然性のマネジメント）です。**図1**は、これら、ハードとしての場、ソフトとしての場、そして、その上での新しい活動や価値の創発、という三つの関係性をイメージ図としてまとめたものです。

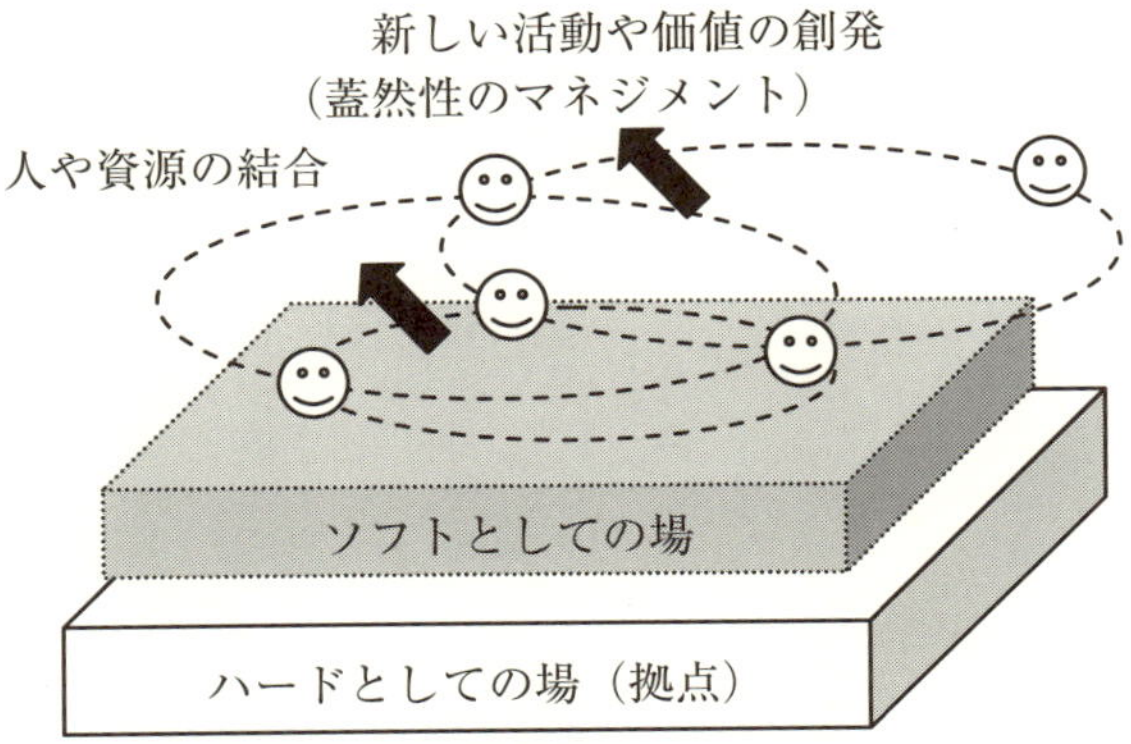

図1　二つの場と価値創造のマネジメント

このアプローチにおいて、農山村の現場に求められるのは、整った将来計画でもなく、新しい（と言っても既にどこかで行っている）解決策や情報ではありません。地域で共有する理念や使命のもとで、自ら考え、異質な人とコミュニケーションをとり、新しい価値を創造し、それを実行に移すノウハウや技術です。そして、こうした能力は、何度も体を使って、実行し、振り返ることの繰り返しにより身につくものであり、重要なのは、「運動」の継続です。ここでの運動とは「社会運動」などと使われる意味、すなわちムーブメントやキャンペーンではなく、エクササイズの意味で、スポーツジムや語学学校でのレッスンのように、練習、訓練、実践を繰り返し、鍛えるという意味です。

以上のように、素朴な意味で、ハードとしての場づくり、すなわち拠点づくりからスタートし、その新たな場において、新たな資源、アクターが集積することを促すとともに、実践と学習のエクササイズを繰り返すこと、そのことで、当初、想定できないような活動や価値が生まれる、そのような再生プロセスを計画として描くことが今日的なアプローチとして有効と考えています。

こうしたアプローチは、筆者がいくつかの実践に関わることで感じたこと、各地の取り組みで見聞して学んだことから導いた農山村再生の一つのフレームワークです。以下の章では、このフレームワークを前提にしながら、具体的な事例のなかで、実際の場づくりが、地域再生のプロセスの中でどのように生み出され、どのような意味をもたらしたのか、一緒に確認していきたいと思います。

Ⅲ　拠点づくりによる地域活動の継承：島根県益田市真砂地区

1　公民館を中心とした活動展開

最初に紹介するのは、島根県益田市の真砂地区の取り組みです。ここでは公民館を中心に住民主体の地域づくり活動が先進的に行われています。そこで、この真砂地区の取り組みにおいて、どのような場が生み出され、それがどのように変化しながら機能を果たしてきたのかを見ていきたいと思います。

真砂地区は、島根県西部の中山間地域に位置する、人口およそ390人で175世帯、9つの自治会からなる地区です。昭和30年代には、2000人が住んでいましたが、高度成長期の流出に加えて、何度かの豪雪や豪雨災害を経て人口減少が進みました。結果、現在の高齢化率はおよそ54%となっています。地区には、保育園、小学校、中学校がありますが、生徒数は、保育園14人、小学校14人、中学校6人（2018年9月末）と少人数です。近年、保育園にて若干増加傾向がみられるので

図２　益田市真砂地区の位置

すが、それは移住者増によるものであり、園児16名のうち11名がIターン者の子どもとなっています（２０１７年）。

この地区では、直面する様々な課題解決のための取り組みを先進的におこなってきました。その中心的な役割を果たしてきたのが真砂公民館です。なお、ここでいう「公民館」は建物を指すのでなく、公民館を拠点としておこなう活動・事業のことです。我が国の公民館は、戦後、社会教育法に基づいて設置されたもので、事業を遂行するため館長が配置される他、主事などの職員が置かれることもあります。時代の変化に応じて、その役割や事業内容など改善すべき課題もあるのですが、講座やセミナーなど各種学習会や展示会の開催、図書などの資料収集や利用促進、体育やレクリエーションの開催など、地域に密着した活動をおこなってきました。とりわけ農村部においては、地域振興、地域活性化の取り組みと重なりながら活動展開されることも多く、地域社会の発展に果たしてきた役割は小さくありません。今回取り上げる真砂公民館もこのように全国に設置されてきた公民館の一つです。設置は１９５２年で、現在の建物は１９６６年に建てられたものです。地域の社会教育の拠点としてだけでなく、集会場としての機能や末端行政的な機能も果たしながら、住民に親しまれてきました。

真砂地区では、全国の農山村と同じように、少子化、女性高齢者を中心とした交通弱者の増加、耕作放棄地・遊休農地・空き家の増加、山林の荒廃、獣害などの問題を抱えていました。真砂公民館の記録を見てみると、このような問題に対応するため、長きに渡って、さまざまな学習や交流の機会をつくってきたことがわかります。具体的な動きの端緒は、１９８９年（平成元年）の「真砂地区活性化協議会」の設立であり、公民館の社会教育事業として地域の課題とその解決に向けての話し合いを重ねていきます。その延長上で、２００７年からは、徳島県や愛媛県、岡山県など、各地の先進地視察を毎年行っていますし、「人づくり地域づくりｉｎ山口」などへ参加して活動発表や意見交換を繰り返しております。また、子どもに関する取り組みも活発に進め、２００５年、２００７年には、全国子どもフォーラムを受け入れ開催するとともに、益田市内や神奈川県川崎市からのキャンプ等の受け入れも行っています。加えて、地域内では、親子活動、放課後子ども教室なども公民館が主導して行ってきました。そうした公民館による社会教育活動を通して育まれたのが、自ら地域をなんとかしたいという想いや活動具現化への姿勢、そして地域づくりに関する基礎的な知識です。「地域力」とも言われるもので、２００７年から10年に渡って、公民館長として取り組みを主導してきた大庭氏は、これを「公民館の社会教育が地域づくりの土壌をつくった」と表現します。

一方で、真砂地区では、２００３年3月、地区の有志24名が出資して、「有限会社真砂」を設立しています。「地域を売り出す」ことを目的にした地域商社として、真砂が位置する島根県石見地方の大豆、地元の水を用いた、こだわりの豆腐『真砂のとうふ』の生産販売の事業をスタートさせました。真砂地区の特徴は、この地域商社と公民館、そして小中学校という三者の連携にあります。それまで公民館は、農業を中心に、学びの機会を提供していたのですが、活動を進めるうちに、事業性がない、すなわち継続性がないこと、次世代の人材育成には繋がっていないことなどが問題となってきていました。そこで、「子どもたちのふるさと教育や地域の元気づくりからの地域力の向上」を地域活動の基軸として掲げ、公民館活動の中に、地域商社の活動を取り込み、活動のテーマを、「農業」だけでなく、それを基盤にしつつも、より幅の広い「食育」へと拡げました。そして、対象を「将来を担う子どもたち」まで拡げ、小中学校と連携し「ふるさと教育、キャリア教育」とも重ね併せて活動を進めることとしました。

図3は、真砂地区の活動の枠組みを示したものです。この関係のなかで、公民館は①各種研修会の開催（学びの機会の提供）、②学校、商社と連帯した食育活動、③保育所給食食材の提供支援、④住民個々の経済力の向上と生きがい作り、といった活動をおこない、地域商社「有限会社真砂」は①地域特産物の開発、生産販売支援、②経済活動の中からの雇用の場の確保、③新たなビジネスチャンスの創出、小中学校は①公民館と商社と連帯した食育活動体験学習の推進、②地域資源を活用した体験学習の推進、③ふるさと教育と教育協働化事業の推進、などの活動を行っています。

このような活動の目に見える成果の一つが、真砂保育園を含む、市内4カ所の保育所への給食食材提供です。「安全安心な食材を子どもたちに食べさせたい」という思いのもと、２０１１年度から実施しています。

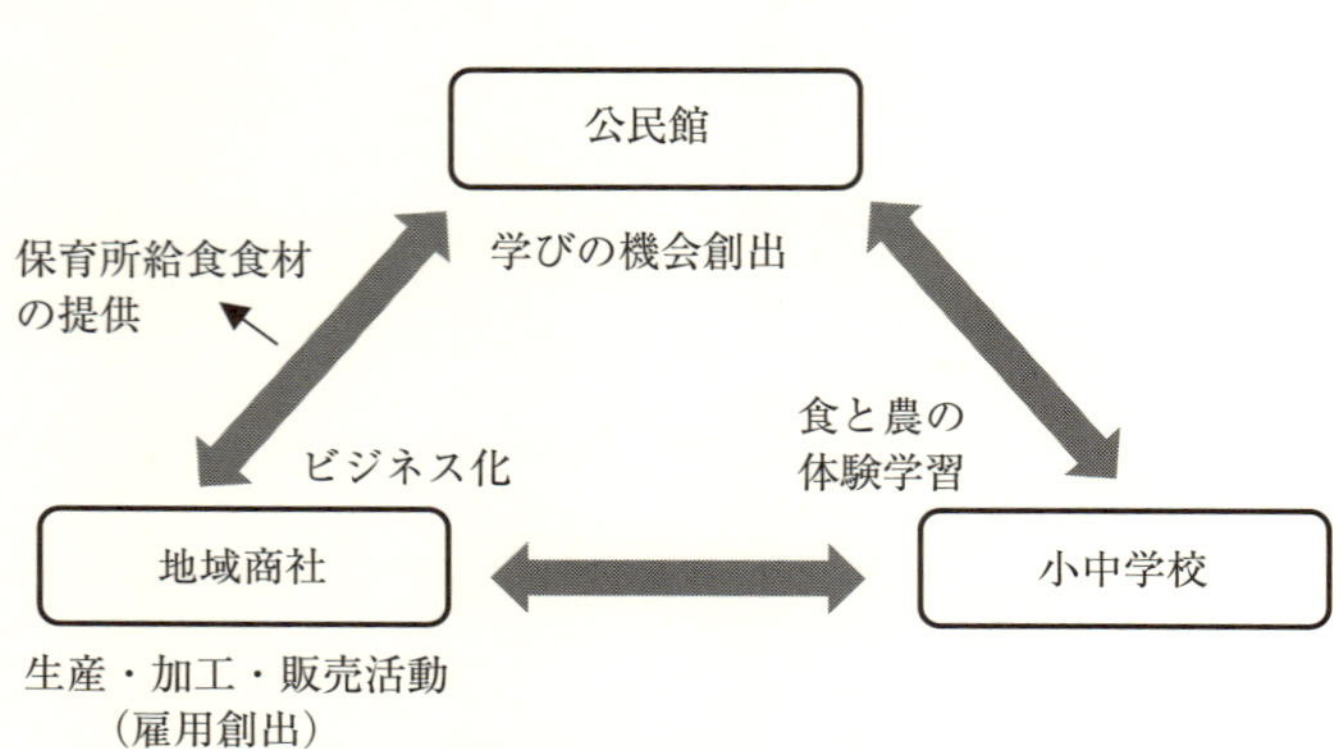

図３　真砂地区での三者の連携関係

資料：真砂公民館資料をもとに作成

活動の概要は**表1**のとおりです。地区の農家（主に高齢者）が保育園と連携することで、子どもと高齢者、その総体として地域全体が、食と農を通して繋がりをもつようになっています。

そうした延長上で、真砂保育園では、保育のフィールドを地域全体にひろげています。地域全体が園庭、住民全体が保育士となり、地域住民の交流を通して、子供たちを育てるという取り組みで、「里山保育」と呼んでいます。もちろん子育て環境の充実だけが要因ではないですが、この保育園と地域の取り組みに共感して、この地に移住してきたという移住者も少なくないとのことです。実際、これらの成果は、2017年の真砂保育園の園児16名のうち、11名が移住者の子ども、という数字にも表れているといえるでしょう。

2　公民館活動の進化と課題

このように公民館の社会教育事業を中心に進めてきた真砂地区の取り組みですが、近年では、さらにその活動を進化させようとしています。一つの方針は公民館主体の教育だけでなく、事業性と多様性を高めるように、

表1　保育所食材提供の概要

対象	益田市内4保育所（児童約300人、職員約60名）
生産者	月10〜15戸で対応（これまで参加した農家50戸）
集荷配達頻度	週2回（月・木）
調整	毎週：生産者会議（保育所からの要望により生産者が出荷調整） 月1回：保育所・生産者情報交換会（生産状況「ある」「なし」「これから」、保育所からの要望「こんな野菜がほしい」）
野菜提供のコンセプト	① 安心安全で旬な野菜が原則 ② 形状・大きさは問わない ③ 価格は年間統一 ④ 価格は大きさ・形状に関係しない ⑤ 要望外野菜も受け取り

変化させようとしていることです。具体的には、小中学生とＰＴＡが新商品を企画発案し、それを地域商社「有限会社真砂」で実際に商品化するような動きも出てきています。さらには、益田市内のレストランとの繋がりも生まれ、そのレストランで用いる希少な西洋野菜を生産し、食材として取引するような試みも始まっています。公民館は、そうした活動が生まれるきっかけをつくったり、事業をサポートしたりと、事業領域を拡げて活動を展開しています。

もう一つの方針は、幅広い人々が関わり、総合的に地域づくりに取り組めるような体制への転換です。市のモデル地区に選定され、3年間、地区内の課題の再整理と組織体制について協議をおこなった結果、２０１６年に、地域運営組織（RMO: Region Management Organization）、または地域自治組織と呼ばれる地域組織として、真砂地区自治運営協議会「ときめきの里真砂」を設立することになりました。**図４**は、この組織体制を示したものです。これまでの活動を取り込みながら、様々な立場の人が関われるような4部会からなる体制を築くことより、目標として掲げる「食・農・福祉の小さ

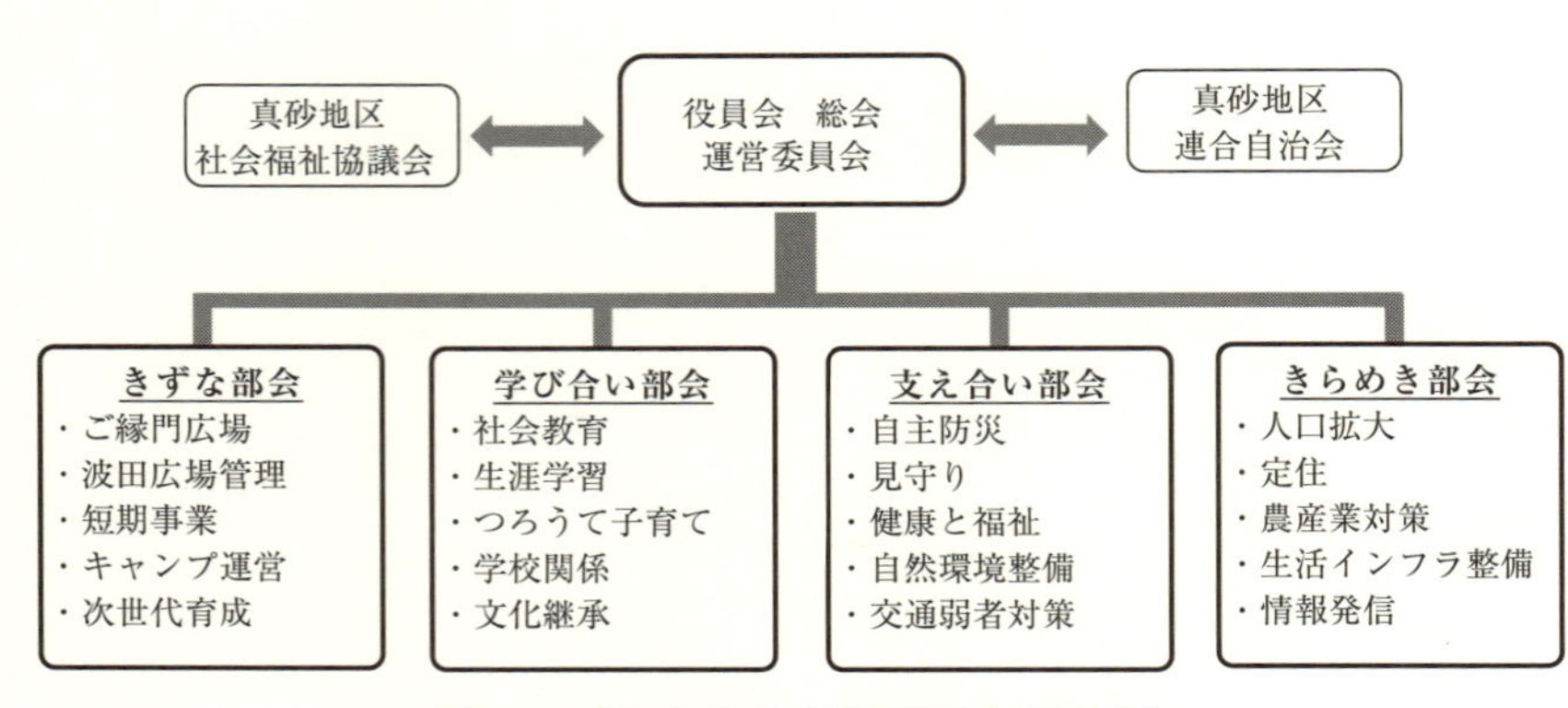

図４　「ときめきの里 真砂」の体制

な循環経済」を創り出すために、様々な事業が進められています。

このように公民館が中心に進めてきた取り組みは、学ぶだけから活動へ、活動だけから事業へと発展していき、また、その主体も多様化してきました。また、それにあわせて、組織も地域運営組織という一体的なものへと展開してきました。もちろん、そのなかで、場所としての公民館は、こうした協議を進める拠点として、そして事業や集会の拠点として機能し続けています。

以上のように順調に発展している真砂地区の取り組みですが、課題がない訳ではありません。これまで活動を主導してきた公民館長の大庭氏によると、一番大きな課題は、次世代の育成、といいます。これまでの真砂地区の取り組みは、現在、70歳以上になる方々が中心となって行ってきました。しかし、その次の世代、60歳代前後の参画は、ちょうど急激な人口流出が続いた年代ということもあって、十分ではないようです。加えて、それより若い世代の参画は、仕事や家庭のことで手が一杯で、農業や地域への関わりも希薄になっています。そうすると、結果的に、公民館が進めていた活動は、一部の年配の方々、または、地域のために「立派な活動」をしている人々の集まりとも捉えられ、「少し敷居が高い」と認識されがちです。そして、もう一つの課題は、収益を得たり、雇用を生み出したり、事業性をもつ新しい取り組みを生み出していくことです。これまでも取り組まれていることですが、十分ではないようです。

つまり、活動の裾野を広げ、地域住民全体で活動すること、その上で、多様な主体の関わりを生み出し連携関係をつくること、さらには、持続性がある活動を創出・展開する中で次世代を育成し、中心となる後継者を育成することなどが課題になっているとまとめられます。これらの課題に対する取り組みが、これまで見てきた、「農」から「食育」へのテーマの拡大、学校を巻き込むことによる家族ぐるみの参画の機会づくり、さらには、公民館中心から地域運営組織中心の体制への再編をとおした総合的な地域づくり活動への展開、などです。ここには地域としての明確な戦略のようなものがみてとれます。

3　交流拠点施設「てれぇぐれぇ」の開設

そうした延長で、新たな展開として注目されるのが、地域活動交流拠点「ひら山のふもとカフェ tele-glue（てれぇぐれぇ）」（以下、「てれぇぐれぇ」）の開設です。地区内の農協建物の一部を借り受け、改修し、２０１７年４月にオープンされました。「住民の居場所・仲間・出番づくり、地区内外の交流」を目的として、「子どもから高齢者まで気楽に集い・学びあう場の提供」、「暮らしの知恵や農産物を活かした飲食の場の企画運営」をおこなうこと、さらには、レンタルキッチン、コワーキングスペースとしての活用など、「何でもできる集いの場」となることが目指されています。

開設の背景には、先に示した地域の課題への対応があります。多様な人々、多世代の交流と地域活動への参画が求められる中、その拠点となる場所が求められていました。以前は、地区内にいくつかの店などもあったのですが、今はすべて閉じてしまい、お茶やお酒を飲みながら、自由に集い、語り合う場所がなくなっていたのです。そうした問題は、２０１３年に地域住民を対象におこなったアンケート調査でも確認されており、交流の場、話し合いの場の創出に対する住民ニーズは高いものでした。その点について、公民館が既にあるのですが、やはり公共施設であることから、使用の目的、時間、さらには飲食など、自由な活動が制限され、「敷居が高い」と思われる面は否めません。

交流拠点開設にあたっては、真砂地区自治運営協議会「ときめきの里真砂」内で議論を重ね、イメージを固めていきました。その結果、開設の候補地は地区内のＪＡ建物で元々購買スペースであったところとしました。地区内にあったＪＡは合併を機に業務縮小し、現在は、ＪＡしまね真砂事務所として週に2日開けるだけとなっており、購買事業も行われなくなっていたところでした。

その後、関係機関と折衝を進める中、賃貸に関してはＪＡ、予算確保に関しては行政の協力を得られることになり、改修と運営のスキームが立ちました。具体的には、改修費は、総務省「平成28年度過疎地域等集落ネットワーク圏形成支援事業」の補助金を活用して捻出し、4千円程度の賃貸料をはじめとする基礎的な維持管理費用は、「ときめきの里真砂」が負担、その上で、光熱費については、利用者が応分を負担するというものです。なお、施設の運営管理者は、「ときめきの里真砂」となっているのですが、利用料金をはじめとする細かな運営ルール

JA施設と「てれぇぐれぇ」の外観

カフェ看板とイベント告知

は、地区内の関係する人々が定期的に運営座談会を開いて自ら定めることにしました。施設利用料は暫定的に、交流スペースのみで半日200円、キッチンを使うと500円、地区外の人の場合はそれぞれ割り増しすることでスタートすることにしました。なお、改修工事は地区内に住む大工が請け負いました。このように、地区の人々がまさに自らで開設、運営に至ったのがこの「てれぇぐれぇ」です。「ひら山のふもとカフェ tele-glue」という名称も、こうした中、公募で決めたものです。「ひら山」は、集落から望む日晩（ひぐらし）山、「てれぇぐれぇ」は島根のこの地方の方言で「いいかげん（適当なこと）」という意味の言葉ですが、気軽に立ち寄り、何も考えず、ゆっくりと過ごしてほしいとの想いであえてそのように名付けたそうです。

4 「てれぇぐれぇ」での新たな活動展開

では、この場所で、どのような活動が展開されているか、まだ開設したばかりで試行錯誤の段階といえますが、具体的に見てみたいと思います。

まずベースとして定着しているのが、「ひら山のふもとカフェ tele-glue」という名前が示すとおりのカフェ事業です。毎週、火曜と金曜日の午前中だけとなりますが、「ときめきの里真砂」で事務局を担っている岸本氏が、公民館の事務所からこちらに勤務場所を移すことによって開店しています。現状では、平日の午前中だけの開店、かつ広く広報をほとんどしてないこともあり、利用者はそれほど多くはないようですが、公民館にはあまり訪れなかった人たちの利用が増えているそうです。常連利用者の中には、地区内の86歳の一人暮らしのお婆さんもおり、ほぼ毎回訪れているとのことです。

同様に、定着しているのが「いちにち居酒屋」という取り組みです。日中に行っているカフェとは異なる夜のイベントですが、趣旨は同じです。地元の男性が店長となり、大阪からUターンしてきたシェフとともに、月に一回程度での開催で、地元の食材を用いた料理、ビールや酒などを提供しています。毎回、利用者は多く、20～30名程度が集まっているのですが、特徴的なのは、その中心が子育て世代であり、子どもも一緒に訪れているということです。

定着しているもう一つの取り組みは、「認知症予防カフェ」というものです。真砂地区自治運営協議会「ときめきの里真砂」の支え合い部会が主催しています。認知症の予防のための学習とコミュニケーションの機会で、ゲーム、おしゃべり、体操などをしています。３カ月に1回程度の開催で、参加費は、お茶とお菓子付きで２００円、毎回15名前後の参加があるようです。地区内にあるデイサービスセンター「ひぐらし苑」と協力して送迎バスを出していることもあって、真砂地区内でも遠方にあたる馬谷・大屋形地区からも訪れています。

その他、単発で行われているイベントを、２０１7年度の実績からみると、隣町のグループによる惣菜販売イベント後の忘年会開催、地区外の手芸の先生による出張教室、地区内外の仲良しグループによる持ち寄り交流会、有限会社真砂と

「認知症予防カフェ」の様子

中学生が進める共同商品開発事業の協議、小学生の子供たちによる子どもカフェ（地域の食材を使ったパンケーキ屋さん）など、多彩な活動が繰り広げられていることが分かります。

さらに、**表2**は、主な会議利用をまとめたものです。これらは全て、従来、は公民館で実施されていたものですが、「リラックスできて意見が出やすい」とのことで、大人数の会議以外は「てれぇぐれぇ」で行われるようになったといいます。

5　拠点のこだわり

ここで、「てれぇぐれぇ」のハード面での場としての特徴を確認したいと思います。まず一つは、その立地です。真砂地区の中心部にあり、公民館からも歩いて数分のところにあります。利用者にとっては集まりやすい場所ですし、会議利用など元々公民館でおこなっていた活動については、集まる上で動線として大きな変化を伴いません。なお、日常的な管理は、公民館を拠点とする「ときめきの里真砂」がおこなっています。地理的に近くにあることは、管理上の負担を低減させます。また、元々、農協の購買スペースだったということも重

表２　「てれぇぐれぇ」の主な会議利用

利用目的	頻度
ときめきの里真砂の役員会	２カ月に、１回
ときめきの里真砂の各部会会議	月に、１～２回
民生委員会議	２カ月に、１回
有限会社真砂の商品開発会議（外部アドバイザー来訪、大学生の視察受け入れ等）	２～３カ月に、１回
保育園の会議（保護者会など）	年に、２～３回
高校生主催のイベントの会議	12月～３月で、10回程度
大学生による地域の方への聞き書きインタビュー	９月～３月で、15回程度

要と思われます。その感覚を持つのは昔を知る年配の人たちが中心にはなりますが、人が集まって会話を交わしていた場所として馴染みがあり、参加の敷居を下げます。事業が縮小され、古くなってきているものの、歴史のある農協の建物を再生することには、情緒的な面からも賛同を得やすいと考えられます。

施設改修上の特徴は、キッチンを整備していること、そしてそのスペースを比較的大きくとっていることです。もちろん、そもそもカフェという名称のもとでの整備ではありますが、飲食を通したコミュニケーションに大きなウェートを置いていることがその設計からも伺えます。カフェとしては、いわゆるミニキッチンのようなものでも対応可能だったとは思われますが、キッチンを大きくとっていたことで、結果として居酒屋としての利用が生まれています。コミュニケーションのために料理を提供するだけではなく、調理を通じたコミュニケーションも可能となります。このあたりは公民館とはかなり違うところです。

最後に、注目すべきは、意匠や調度品に対する小さなこだわりです。予算上の制約があるなかですが、板張りの壁、オーダーメイドの大きめの木の机、部屋を照らすライト、古い建具を活用した手作りの看板、など至るところに、こだわりが垣間見えます。これは「ときめきの里真砂」の事務局を務め、この施設の企画

キッチンとカウンター

「いちにち居酒屋」での交流

運営の中心となっている岸本氏が、大学時代からデザインを学び、関連の仕事をしていたというキャリアとその感性によるところも大きいのですが、総体として、質素ながらも、いわゆる「カフェ空間」として整えられています。このようなこだわりは、特に同じような感性をもった若い人には敏感に伝わるもので、人を集める、という点では重要と思えます。また、一方で、食器類は地区内の家庭で使われなくなったものを提供してもらっています。若い人には目新しく映るとともに、提供者にとっては、この場所に関わるきっかけとなります。このように、意匠や調度品が、人々の関わりの創出に寄与していると考えられます。

6 小括：フォーマル－インフォーマルの場による補完

以上、真砂地区における、持続的な地域づくりの取り組みを見てきました。ここで改めて真砂地区の活動展開における、場の役割について考えてみたいと思います。

まず、この地域の活動を支えてきたのは、いうまでもなく「公民館」です。公民館の社会教育事業等による学習をとおして、住民の意識向上、知識、社会的な関係性の蓄積が基盤にあり、場所としての公民館を拠点に、さまざまな地域課題解決の活動が展開されてきました。その間、公民館における活動は事業性を持つことを志向し、場所としては地区振興センターの拠点、そして地域運営組織の拠点としての機能を付加するなど、少しずつその位置づけを変化させていきました。まさに場所としても機能としても、ネットワークのハブとして、先進的な活動を支えてきたといえるでしょう。しかしながらその一方で、参画者が固定化してしまいがちであること、中心となっていた人々が歳をとっていくにも関わらず、若い人の参加が少なく、引き継ぐ人がいないという問題を抱えるようになりました。

そうした中で、地区内に交流の場が欲しいという課題とあわせて、取り組まれたのが、交流拠点としての「てれぇぐれぇ」の開設です。これは公民館が抱えるようになった課題を、場所を変え、もう一つの場を生み出すことによって解決しようとしたと捉えることができます。公民館がフォーマルな場ならば、こちらは、いわばインフォーマルな場といえます。活動が途についたところで結果が出るのはこれからとはいえますが、既に、これまでとは違う人々の参画と交流を生み出す場として機能しつつあります。

図5はこれらの活動の変遷を位置づけ、概念図として示したものです。横軸にフォーマル－インフォーマル、縦軸に、事業（課題解決）と交流（エンパワメント）を

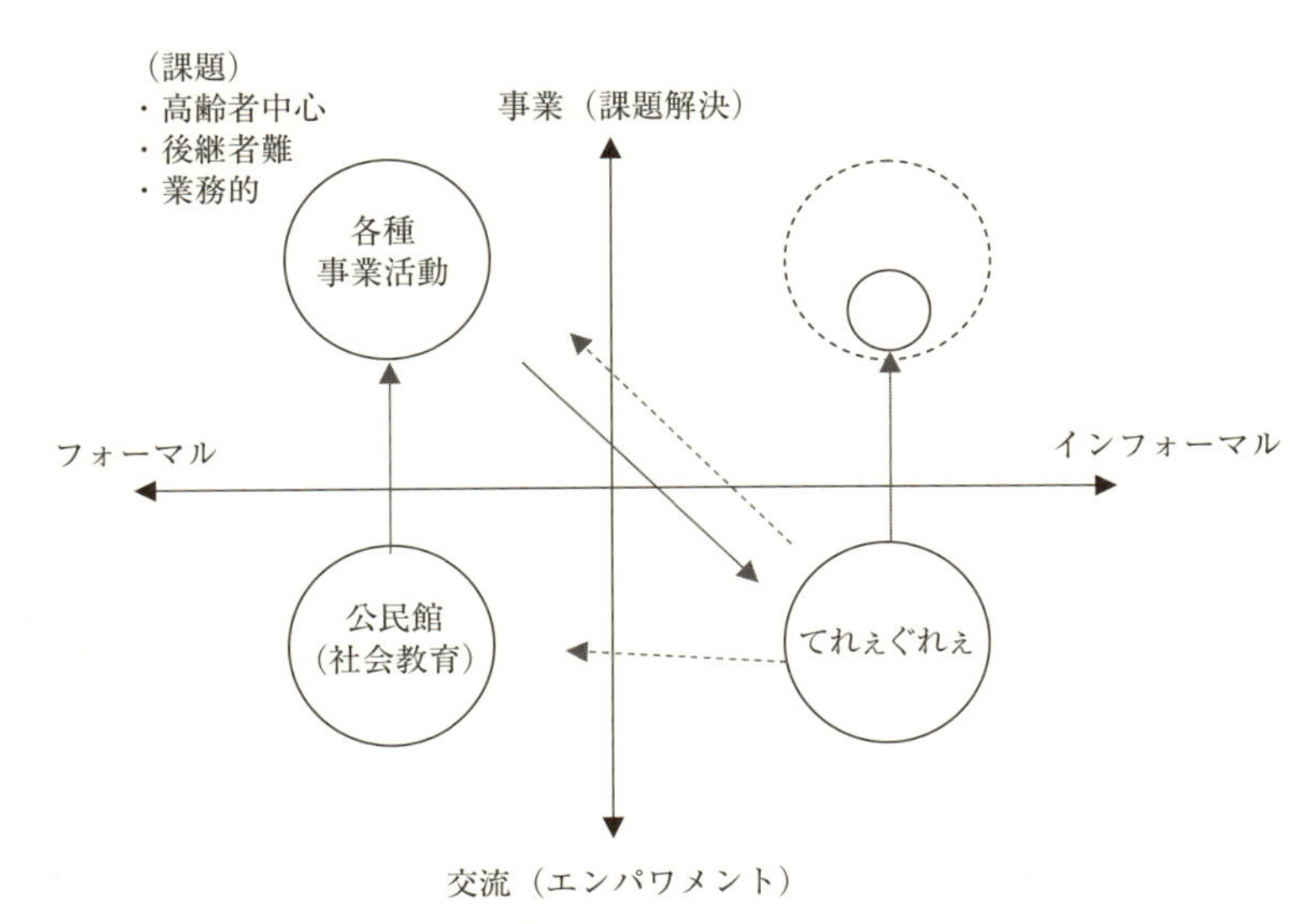

図５　真砂地区における活動の変遷と拠点

おきました。この座標のなかで、公民館の取り組みは、最初は、左下の象限から始まります。その後、活動は次第に事業性を志向するようになり、図では左上に位置づけられるようになります。ここでは、多くの課題解決に取り組み、成果をあげるのですが、同時に課題も抱えるようになります。事業性をもつことと表裏一体にあることですが、メンバーが固定化したり、交流的側面が弱くなったりします。そこでの対応が「てれぇぐれぇ」で、図中では右下に位置づけられます。インフォーマルで交流を目的とする場です。また、そうした、新しい場で育まれた新しい人材や関係性が既存の活動へ還元されることも今後期待されそうです。

このように既存とは違う場所に、もう一つの場、つまりハードとしてのインフォーマルな場をつくること、そして、その上で、インフォーマルな場とフォーマルな場が相互に補完しあう関係をつくることにより、組織や活動の新陳代謝が図られ、再生への道筋がつけられるという示唆が得られます。

Ⅳ　拠点づくりから移住者を生み出す：オフィスキャンプ東吉野

1　東吉野村における雇用と移住・交流促進

次に見るのは、奈良県の東吉野村に開設された「オフィスキャンプ東吉野（OFFICE CAMP HIGASHIYOSHINO）」での取り組みです。京阪神の都市部から車で2時間ほどの場所に開設された小さなコワーキングスペースですが、年間２０００人という多くの人が訪れ、この拠点を通して、これまで20組ほどの人が移住しています。地理的には、京阪神から比較的近い場所とはいえ条件が悪く、誤解を恐れずにいうならば、全国どこにでもある特に何の特徴もない山間地域です。しかし、なぜこのような人の動きが生まれているのでしょうか。「オフィスキャンプ東吉野」という場が、どのように機能しているのかについて見ていきたいと思います。

奈良県吉野郡東吉野村は、奈良県東部に位置し、東は三重県とも接する山間地域です。人口は２０１８年の推計で

図６　東吉野村地図

およそ1600人、世帯数はおよそ1000世帯であり、65歳以上の人口は50%を超えています。吉野杉の産地として有名で、林業が主な産業ですが、その林業の担い手も高齢化が進んでおり、後継者の育成が課題となっています。東吉野村の人口推移について、2016年に策定された「東吉野村まち・ひと・しごと創生総合戦略」にて確認すると、1960年頃の村の人口は、およそ9000人と今の5倍程度であったようです。それが近年では毎年100人のペースで人口が減少し、このまま推移すると、30年後には、500人程度となる可能性もあるようです。このような著しい人口減少に対して、東吉野村としては、古くから山村留学の実施、そして中学生までの医療費無償化や高校生への通学交通費補助など、子育て支援の取り組みを行ってきました。そして今、改めて課題となっているのが、新しい産業の創出も含めた様々な雇用機会の創出と、その主体を得るための移住や交流の促進です。今回取り上げるオフィスキャンプ東吉野はその推進拠点施設として位置づけられています。

2 「オフィスキャンプ東吉野」の開設

オフィスキャンプ東吉野開設の背景には、急激な人口減少という地域課題がありますが、具体的な動きが生まれるきっかけとなったのは、一人の商業デザイナー、坂本氏の移住でした。坂本氏は、大阪から移住して来たのですが、実は、両親がこちらに仕事場をもつ縁から、小学生のときに、東吉野村に山村留学で1年間滞在した経験がありました。デザイナーとして仕事をするようになってから、東吉野での古くからの縁をもとに、大阪と東吉野を行き来するようになっていたところ、奈良県庁で移住定住促進を担当している福野氏との出会いがあり、県の移住に関する広報誌の発行に関わるようになったといいます。こうして、次第に東吉野との関係性を深めていき、それが最終的に移住に繋がったとのことです。坂本氏の移住後、しばらく経った２０１３年には、坂本氏と仕事上で関わりがあった知人のプロダクトデザイナーの菅野氏が移住することになりました。

そうしたクリエーターの移住の流れを、大きな潮流とするために打ち立てたのが、若者移住定住施策としての「クリエイティブ・ビレッジ構想」です。移住のターゲットを、建築、服飾、ＩＴ関係などのデザイナー、そして編集者やライターなどの「クリエーター」に絞って、そのための仕事と居住の環境を整えようという考えです。移住者である坂本氏らと奈良県庁の担当者の福野氏、そして、かねてからＩＴ関連など仕事場を選ばない職能をもつ若者の誘致を考えていた東吉野村の村長の強い想いから、この構想が具現化していきました。そうして、まず取り組まれたのは、役場内に移住相談の窓口を設けることでした。同時に、重要と考えたのが、実際に少し仕事をしながら、村を体感してもらう拠点づくりであり、これがオフィスキャンプ東吉野です。

オフィスキャンプ東吉野の外観

拠点開設に向けた取り組みは、関係者の理解もあって順調に進みましたが、物件選びには多少時間がかかりました。結果として、偶然、空き家となっていた築70年ほどの民家の家主と出会い、その民家の無償提供を受けられることになりました。改修は、坂本氏が基本的な構想と内装デザインなどを担当し、地元の建築家や工務店が工事を引き受けることによって進められました。改修費用は、およそ3千万円で、奈良県の施設整備補助金などが活用されています。施設自体は村管理の物件となりますが、運営は、整備前から坂本氏に委託される計画で進められており、清掃などの日常的な管理は所在地となる小川地区の「小川のまちづくり協議会」の協力を得る形が取られています。このようにして、２０１４年4月、オフィスキャンプ東吉野がオープンしました。

なお、この拠点づくりの最大の特徴は、クリエーターであり、移住者である二人が、企画から運営まで一貫して、中心的な役割を担っていることです。彼らは、これからターゲットとする人たちと同じ立場の人たちですので、何よりもそうした若者が何を求めているのか理解しています。このような取り組みは、ともすれば地元ニーズが起点となることが多いのですが、ここでは利用者ニーズに沿って進められています。これはマーケティングで言うところの、作り手が良いものをつくる、つくったものを売る、というプロダクトアウトでなく、顧客が望むものをつくる、売れるものをつくる、というマーケットインの考え方に沿ったものともいえます。さらに、企画から運営まで一貫して担うことは、コンセプトやデザインの齟齬をなくし、統一性を持たせる効果があるのは当然のこと、プロジェクトの担い手として主体性や責任感を育むという効果もあります。もちろん、こうしたメリットは、デメリットやリスクとも表裏一体です。この点については、行政の努力や姿勢にも注目すべきであり、関係機関や地元の協力のもと、ある程度自由に活動できる環境を、行政が主導して整えることが出来たからこその展開と考えられます。

実際の運営は、当初の計画どおり、基本的には、坂本氏らが施設全体の管理運営委託を受けるという形をとっています。その費用に関しては、東吉野村から支払われる委託費を月1万円と設定しているのですが、施設内に整備されているカフェスペース部分だけは切り離し、そこは坂本氏らが月1万円で借りるという形をとっています。こうすることで全体としては相殺されるようになっています。光熱水費は村が負担しており、それに加え、移住相談のために駐在する事務員1名の雇用の費用も村が支出しています。村からは、これらの維持費、人件費のみの負担で、坂本氏らに対する手当は無い状態で運営されているのですが、その分、坂本氏らは、自由に仕事をできるという立場を得ています。こうした運営体制は、双方にメリットのある一つの望ましい形ともいえるでしょう。

3　拠点としてのオフィスキャンプ東吉野の機能

オフィスキャンプ東吉野は、現在、火曜日、水曜日を除く週5日間営業されています。ただし、12月から2月末までの冬季は営業していません。施設利用料は、1人1日500円と安価に設定されており、施設利用の収益をもって自立経営をおこなうことは基本的に想定されていません。

利用実態を確認すると、開設一年目で来訪者は1400人を越え、3組が移住を決めたといいます。その後2016年末で来訪者は2000人を突破、さらに

カフェで語らう移住者ら

２０１７年末時点で延べ４５００人の訪問があるなど、近年では、毎年およそ２０００人（3月～11月末の８ヶ月間のみ、月平均にして２５０人）の利用がコンスタントにあります。利用者の半分ぐらいは奈良県内で、その他は近畿だけに限らず、全国様々なところから訪れているようです。そしてこの間、このオフィスキャンプを足がかりに移住したのは、およそ20組、30人にのぼるといいます。

こうしたことから、この拠点が果たしている第一の機能は、移住者にとっての入口、ゲートウェイの機能といえます。オフィスキャンプは、コワーキングスペースではありますが、利用者はこの場所まで単に仕事をするために訪れるというだけでなく、新たな仕事の拠点や移住先を探しに来たり、このオフィスキャンプの取り組み自体の話を聞きに来たりと、何らかの別の目的をもって訪れることも多いようです。そして、ここに来ると実際に、先輩移住者から地域での暮らしや仕事の実態、物件や行政支援などの情報が得られるのです。

これと関係するもう一つの機能は、東吉野や移住促進の取り組みを地域内外にＰＲするシンボル的な機能です。オフィスキャンプ東吉野は、開設以来、多くの雑誌やウェブサイト等で取り上げられてきました。農山村での暮らしや仕事、地域づくりに関心をもつニッチな層ではありますが、東吉野は何か面白そうなことをしている、オフィスキャンプにいけば何かありそうだ、といったような思いを抱かせています。また、地元や近隣の人にとっては、よそからの人が何かしているらしい、外から人を呼ぼうとしている、などというメッセージを発している拠点となっていると考えられます。これは例えるならば、遠くを照らす灯台のような役割といえるでしょう。奥深い山の中に遠くからも確認できるような小さな光が見える、そこに行けば、次の行き先の指針が得られるかもしれない。そうした機能をもっているのではないかと思います。

三つ目の機能は、当初の位置づけのとおり、仕事場としての機能です。利用者の、都会と離れた場所で仕事をしたいといった、移住とは異なる幅広いニーズにも対応しているようです。また、地区に移り住んだ人も、時に場所を変えてここで作業をしたり、打ち合わせに利用したりしていますし、それぞれの職能に関連した講座やイベントなどの開催場所としても利用されているようです。

そして、四つ目の機能は、移住者にとっての、たまり場、交流拠点のような機能です。これは、移住をした後の話になりますが、やはり、初めての農山村での暮らしは、分からないことや不自由なことも多くあります。何か困った時、話をしたくなった時などに、このオフィスのスタッフに相談しにきたり移住者同士が語り合ったり、そういった情報交換や憩いの場となっているようです。地域内には、カフェや飲み屋など、そういった場所がほとんどないため、気兼ねなく、適度な距離感をもって時間を過ごせる場所は貴重です。このような場について、ある移住者は、「都会にいるのと同じような時間を持てる」というように絶妙に表現していました。これまでとは異なる環境に移ってきた人たちにとって、以前と同じような、もう一つの時間・空間が地域の中にあることは重要と思われます。なお、移住者のたまり場となっているこの場は、地元住民にとっても、彼らとのコンタクトの場となっているようです。例えば、苦情も含め、何かあればここのスタッフに伝える、というような使われ方です。しかしながら、重要なことは、ここがいわゆる地元の人々と移住者との交流の場ではないことです。そのことが内外に認識され、区別されていることで、移住者や若者たちのための場として機能していると思われます。

4　拠点のこだわり

次に、オフィスキャンプ東吉野という場の、施設面での特徴を確認したいと思います。まず、注目すべきところはその立地です。役場近くで、主要道路の交差点に建っており、橋を渡って正面、村の人のみならず、この地を訪れる人は必ず前を通るという場所にあります。

建物自体は、築70年程の古い民家ですが、大幅な改修がおこなわれています。その改修を取り仕切ったのは、先にも述べたとおり、デザイナーである坂本氏らです。空間的には、一階部分はカフェと展示および作業用のオープンスペース、そして和室、二階はゆっくり滞在もできる和室です。そして、キッチン、風呂まで整備されています。全体のデザインとしては、もとの民家の風情も残しながら、入り口道路沿いの側面は、ガラスを多くもちいて開放的につくり、内装は東吉野の桧や杉をふんだんに使ったものとなっています。もちろん、机や椅子などの〝プロダクト〟は、プロダクトデザイナーの菅野氏とともに選定したというこだわりのものです。

このようにこの拠点の特筆すべきところは、とにかくデザイン性が高いことで

開放的な展示・交流スペース

作業スペース

すが、機能面では、カフェスペースを設けているところも特徴です。このカフェがあることよって、〝仕事〟がない人でも立ち寄れるようになっています。しかし、設備的には料理ができるようなキッチンスペースではなく機能を絞り込んで、あくまでカフェとしてシンプルに作り込まれています。また、空間的には、一階部分は仕切りがなく、オープンに作られていることにより、カフェスペースとしても作業スペースとしても利用できるようになっており、一体的でありながら、いくつかの個人的な空間ができるように工夫されています。

こだわりとして、最後に確認しておくべきことは、「オフィスキャンプ」という名前のとおり、クリエーター等が、非日常性を感じながら、最低限の仕事が出来るようにすることを意識したデザインと装備を兼ね備えているという点です。作業や打ち合わせだけでなく、展示室のスペースがあることも特徴ですし、設備面では、プリンタ複合機、Wi-Fi環境、キッチン、調理器具及び食器、そして風呂など、非日常ながら日常の仕事をおこなえるオフィス環境が整っています。

5　オフィスの地域的な連携

以上のオフィスキャンプ東吉野の取り組みを成功事例と見て、奈良県の南部・東部、奥大和と呼ばれる地域の市町村でも、移住体験や交流拠点、シェアオフィスなどの施設を開設する動きが拡がっています。奈良県では、県の地域振興部奥大和移住・交流推進室が先導的な役割を果たしながら、これらの動きを繋げ、一体的に地域のブランディングやプロモーションを進めようとしています。具体的には、**表3**に示すように、東吉野村のほか、

表３　奥大和プラネットオフィスの各拠点

施設名	オフィスキャンプ東吉野	GOJO チャレンジ	三奇楼	シェアオフィス西友	BIYORI
所在地	東吉野村	五條市	吉野町	天川村	下北山村
特徴	奥大和地域におけるデザイナーやカメラマン等のクリエ イティブ人材の集積拠点となるコワーキングスペース	重要伝統的建造物郡保存地区「五條新町通り」の中央に立地、古民家を2016年度に改修した民営のコワーキングスペース	観光地として有名な吉野町に立地、ゲストハウス機能に加え、蔵をバーに改修した「蔵 bar」が併設する民営のサテライトオフィス	洞川温泉に立地、温泉街の一角にあった元旅館を、交流施設、チャレンジショップ、サテライトオフィススペースとして改修	2016年度にサテライトオフィス誘致候補施設として、保育園を改修、近隣に温泉・スポーツ施設も充実

資料：総務省「「お試しサテライトオフィス」モデル事業（平成29年度）調査報告書」、2018年より作成。

五條市、吉野町、天川村、下北山村に点在する民営、公営のサテライトオフィスやコワーキングスペースを「奥大和プラネットオフィスプロジェクト」と称して連携展開させています。また、平成29年度、総務省「お試しサテライトオフィス事業」のモデル団体として採択も受けながら、都市部企業のサテライトオフィスの誘致も進めているところです。こうした連携によって、移住やサテライトの設置を検討している人々に、いくつかの選択肢を提供することができ、一ヶ所だけでは応えられない多様なニーズに、地域全体として対応できるようになると思われます。取り組み自体は、先に示したモデル事業としての実施などを通して、途についたばかりですが、既に、奈良県生駒市に本社をおく企業が「下北山村BIYORI（ビヨリ）」にサテライトオフィスを設置するという成果も生まれてきています。
なお、この取り組みは、現在、奈良県だけでなく、奈良県と奥大和地域19市町村で構成する「奥大和移住・定住連携協議会」が推進母体となって展開されるようになっています。一方、こうした動きと呼応して、東吉野では、坂本氏をはじめとする移住したデザイナーらが「合同会社オフィスキャンプ」という会社を立ち上げ、更なる事業展開も図っています。以上のように、東吉野で始まった取り組みは、クリエーターの誘致や移住だけでなく、企業誘致をはじめ地域の雇用やビジネス創出まで対象を拡げ、地域的な拡がりを見せながら展開しています。

6　小括：外部人材のための拠点による補完

さて、改めて農山村の地域づくりにおいて、このオフィスキャンプ東吉野という新しい拠点が、どのような意味をもつのか、地域づくりの視点から考えてみます。先にも触れたように、このオフィスキャンプ東吉野の最大の特徴は、外部人材である「よそ者」、「若者」のための場を、それらの人たちのことが一番よく分かっている移住者たち、つまり、表現が悪いのですが「半よそ者」が、地域内にもう一つの場を作っているというところです。従来は、こうした拠点は、地元の人たちによって地元の人たちのために作られる、もしくは一歩進んで、地元の人たちと外部者の交流のために作られてきました。しかしこの事例では、あえて、外部者や若者を地元の人と切り離しています。そのことにより、どちらつかずの中途半端な場とならず、特定のターゲット、ここではクリエーターというターゲット、に評価される場となっているのです。

では、彼らがまったく地元とは完全に切り離されて、仕事や暮らしをしているのかというとそうではありません。もちろん全ての人に当てはまる訳ではありませんが、創作の資源として、東吉野の人、モノ、情報を活用しようとしていますし、経済的な循環も含め、活動を通して地域の発展に寄与しようとする意識も高いことがうかがえます。そして、暮らしの面でも、移住者のコミュニティ、仕事のコミュニティだけでなく、地縁のコミュニティとも関わりを持って、地域の課題解決についても意識を向けています。

これらの動きを、地域側の視点からまとめたものが**図7**です。横軸に活動の主体をおき、左が地元、右が外部者（よそ者）とします。縦軸には、事業（課題解決）と交流（エンパワメント）をおきました。東吉野に限ったことではありませんが、従来の地域づくりは、左下側の活動を基点にしながら、左上に位置づけられる地域課題解決を図るような取り組みをしてきました。時間の切り取り方によっては、その逆の場合もありますし、もちろん右側に位置づけられる外部者との連携などもありますが、基本となるのは、左側での上下運動であり、これによって地域づくり活動を進められてきたと捉えることができます。

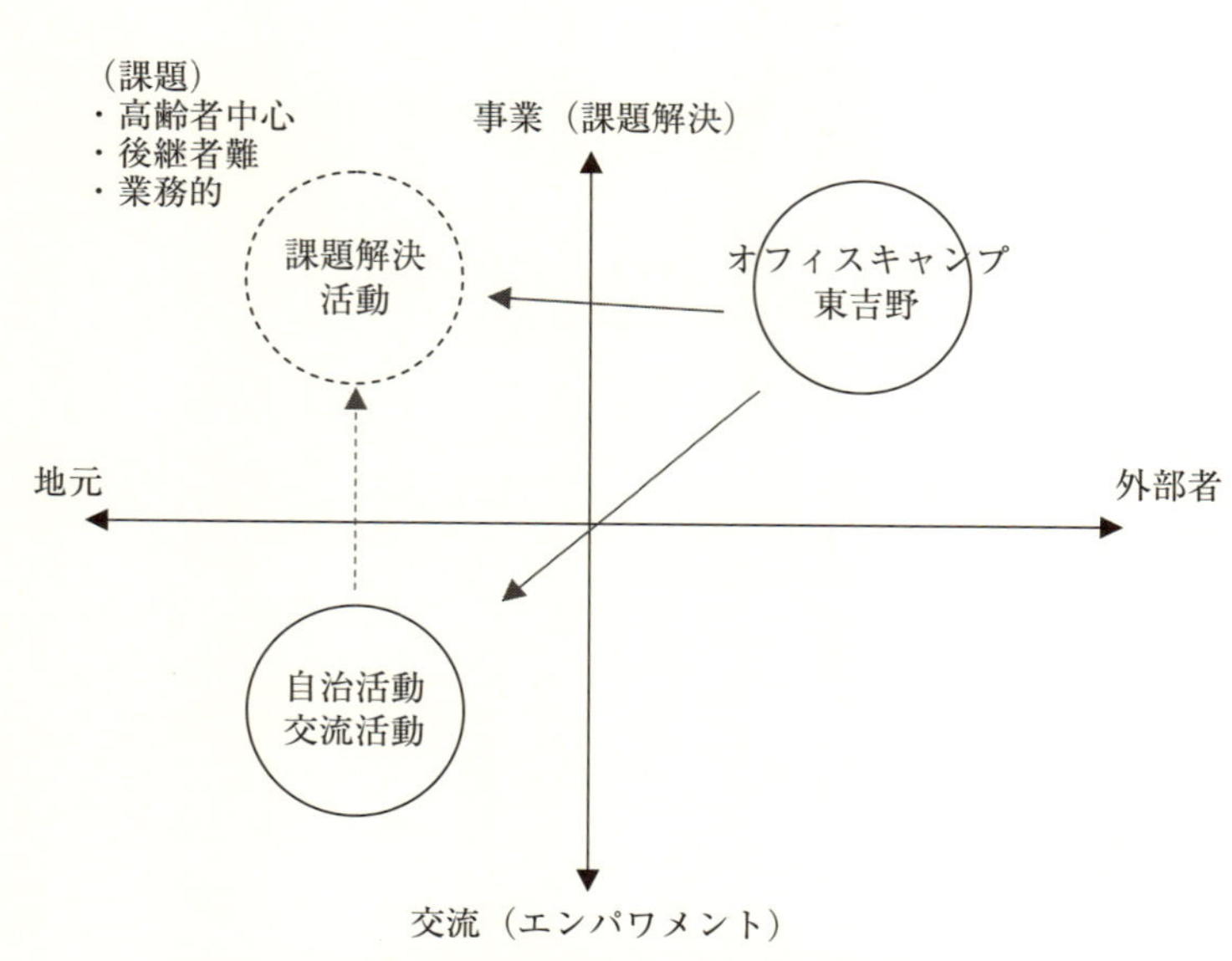

図7　東吉野における活動の変遷と拠点

しかしながら、左側の地域内の人的資源が減少していくなかで、それだけでは活動が停滞してしまうという問題を抱えるようになりました。そこで考えたのが、右上に位置づけられるような拠点をつくることです。これがオフィスキャンプ東吉野です。この場が外部者にとっての「入り口」や「たまり場」として機能することにより、新たな資源と動きが地域に生み出されます。また、その場での活動は、個人的なビジネスとしてだけでなく、地域の課題解決につながるようなビジネスや元々の地元住民との連携によるビジネス（コミュニティビジネス、ソーシャルビジネス）への展開、すなわち図中の左上側へと展開していくことも今後期待されそうです。

このように、地域の中に、目的やターゲットが明確なもう一つの場、すなわち外部者のための拠点施設を、これまでとは別の形で創出することにより、地元だけでは硬直化していた活動に動きを生み出すことが可能であること、そして地元内部だけでは、直接的には難しかった課題解決や事業の創出に、図中、矢印で示すように間接的に、迂回しながら辿り着くことが可能であるという示唆がここから見てとれます。

V　もう一つの拠点づくりからの変革

1　拠点づくりとその要点

以上、二つの異なる事例において、どのように拠点としての場が位置づけられ創出されたのか、また、どのように運営され、どのような効果が出ているのかについて確認してきました。これらは、地域のおかれる状況、課題などは異なるものの、拠点が生み出されることが基点となって、それまでの地域づくりのプロセスの中に変革、すなわちイノベーションが起こっているというところが共通しています。実際、この二つの事例では、大きな理念や方向性は定めながらも、厳密な目標や計画を設定するよりも先にハードとしての拠点をつくっています。これは本稿のはじめに述べたとおり、何かの課題に対して効率よく、計画をたてて解決するという従来型の計画アプローチではなく、人、モノ、カネ、情報などの相互作用がおこりやすい場を整え、そこでの偶発性に委ねるというアプローチといえるものです。ここで課題となるのは、その場をどのようにつくり、運営するのかという点です。そこで、本節では、それまでの地域づくりの活動を変革し、再生するための拠点づくりの要点を、先の取り組み事例から導き、まとめてみたいと思います。

① ずらす

一つ目の要点としてあげるのは、「ずらす」ことです。これは、あくまで変革のための拠点づくりという視点にたった場合のことですが、従来とは異なる場所、異なる空間とすること、これまでの拠点とは区別してつくることが重要と考えます。しかしながら、それは完全に分けて別のところに、全く新しいものをつくるのではなく、少しだけ違えるということがポイントです。このように少し違えることをここでは「ずらす」と表現してみました。真砂の場合は、公民館から数十メートル離れた場所で、農協施設の一角に新しい場所を作っていました。東吉野の場合も、役場の一室につくるという選択肢も考えられたと思いますが、そうはせずに役場から数十メートル離れた民家を改修して活用しています。しかしながら、地域内における空間配置的には、双方とも、中心部にあって全く離れた場所につくっている訳ではありません。あくまで少しだけ距離をとっている範囲です。また、建物の雰囲気も、従来の公的なもの、行政的なものではなく、民間的なものとして作られていますが、かといって全くのプライベートなものではなく、現代的な意味での「公」、パブリックなものとして作られています。これも対極なものでなく、従来とは、ずらしたものをつくっていると理解できます。一般的には多様な主体の交流を進めたいと考え、従来と同じところを拠点にしようとすることが多いかもしれませんが、そうすると元々の場がもつ力に、引きずられてしまいがちで変化が生まれません。そのためには、あえて分けている、しかしながら、少しだけ、というのが良いようです。

そしてここでもう一つ重要なのは、分けながらも繋がりはあるということです。真砂の場合は、新しい「てれぇぐれぇ」の責任者や担当者として中心的な役割を果たしているのは、公民館やまちづくり協議会の事務局スタッフであり同一人物です。場所を変えることが、役割を変えることになっていると思いますが、当然のことながら繋がりがあります。東吉野の場合も、もちろん移住者らだけで活動をしているのではなく、当該の自治組織、村役場や県などと繋がりをもって取り組んでいます。

このように、従来の流れからは「ずらす」、しかし、「繋がる」という関係性のもとで拠点をつくるというのが一つ目の要点と考えられます。こうした関係は、もしかしたら二世代の暮らしでよく言われる「スープの冷めない距離」という考え方に似ているのかもしれません。

② 自分たちでつくる

二つ目の要点は、自分たちでつくる、ということです。一つ目は、地域内のどの場所につくるか、という点でしたが、この二つ目は、どのようにつくるか、という点です。二つの事例をみて、共通しているのが、その新しい拠点を自分たちでつくっているところでした。ただし、ここで言うところの、自分たちでつくるというのは、ＤＩＹや自分たちが一部作業をして建物を改修するという意味ではありません。確かに、最近では経費削減の意味もあって、専門家の指導や補助を受けながら、作業自体も関係者やボランティアで行うといった方法も多くとられています。改修作業を自分たちで行うことは、その建物への愛着を育んだり、仲間づくり・ネットワークづくりを促進させるといった効果をもたらし、もちろん望ましい形の一つとは言えます。しかしながら、そうした作業自体はプロに任せるというのも選択として問題ありません。それよりも、ここで重要なのは、どのような拠点が欲しいか、コンセプトと言われるものを、自分たちで考えることです。ただし、自分たちというのは、そこを実際に利用する人たちであり、その拠点がターゲットとする人たちのことです。拠点づくりは、ともすれば、従来から活動の中心にいた人が、その視点からつくり、利用者は外に置かれて進められがちです。真砂の場合は、地区内の関係する人々が座談会を開催して検討を重ね、運営のルールなども自らで決めていきました。東吉野の場合は、移住者の二人が、関係者と調整しながらも、一貫して関わっています。二つの事例とも、ユーザー起点であること、そして、最初から最後まで、つまり企画から改修、そして運営まで一貫して関わっていることが分かります。

なお、双方とも地元の工務店や大工などと協力して改修工事を進めていますし、資材なども極力地元のものを使用しています。もちろん、デザイン、内装、プロダクトなど、中心メンバーが持ち合わせる技能については、しっかり活かされています。こうすることによって建設に係る全体のコストも押さえられますし、何よりも地域経済の循環に貢献することが出来ています。

このように「自分たちでつくる」とは、その拠点の利用者や運営者となる人たちが、地域の関係者（ステークホルダー）との連携のもと、それぞれの強みを活かし役割分担しながら、企画、改修、運営まで一貫して関わる、そのような拠点の生み出し方を表します。そして、このようなプロセスを経て拠点を生み出すことが、その後の円滑な運営や活発な利用に繋がることは容易に想像できると思います。

③　見た目と居心地が良いこと

三つ目は、拠点となる建物そのもののデザインや機能に関することで「見た目と居心地が良いこと」と、まとめてみました。詳細には建築やデザイン分野のことで、専門的な考察を加えることは筆者には難しいのですが、大事な視点ですので取り上げておきます。一つ目の要点がどこに、二つ目がどのように、とするならば、この三つ目は、どのようなものを、という視点になります。見た目とは、外装や内装などの意匠についてですが、取り上げた二事例に共通するのは、デザイン性が高いことです。当然のことながら、予算制約のもとでの改修物件という限界があるのですが、デザイナーや若い人たちの感性や技術が活かされた工夫が随所になされています。それは建物本体だけでなく、什器やサインなどの細かいところまで行き届いたものとなっています。また、ガラスを多く用いて、内外からの可視性が高く、外からでも何をしているのか見えやすいようになっていること、内からも外が見えるなど、開放的な空間となっていることも共通する特徴です。このように単純な見た目だけでなく、建物に入りやすく、長く滞在できるような居心地の良さも意識してつくられています。それは機能としてキッチンスペースやカフェスペースがつくられていることが端的に示すところですが、一人でも入れる空間とすると同時に、交流・コミュニケーションが生まれやすい空間としても設計されています。

この「見た目と居心地」は、平易な言葉で言い換えると、ターゲットとする層を意識しながら、現代的で、「おしゃれ」で、「かっこいい」空間であること、そして「カフェ」のような時間を過ごせるように作られていることが大事ということです。そうした空間設計は、地域内で、これまでの場とは異なる、もう一つの場としてのイメージを生み出すことができますし、外部への発信という点においては、一つのシンボルとして機能します。情報発信の主なチャネルが、ＳＮＳやウェブサイトに移ってきており、そこでは、写真や映像となった時の見映えも重要な要素になっています。実際、東吉野などは、雑誌やウェブサイトにおいて、大きく施設の写真が用いられています。東吉野を訪れる多くの人々は、まず、その「見た目」に目を留め、そこから活動内容や運営者を想像して、「一度行ってみたいと思った」という人も多いようです。

見た目に対する価値観は、人それぞれですし、先にも述べたとおり、たとえ理想があっても実現するには予算上や物件上の制約があると思いますが、ターゲット層を深く理解できるデザインや建築の専門家が、その創出に関わりながら企画設計を進め、外からの見え方を意識しつつ、滞在できること、コミュニケーションが促されるような拠点をつくることが重要といえます。

④　繋ぎ手の存在

最後の要点は、繋ぎ手の存在です。これまで、どこに、どのように、どのようなものをつくるのかと、順番に要点を示してきましたが、そうして出来たものを、どのように使うのか、という点に関する要点です。言うまでもなく、拠点はそこにハードとして空間があれば、場として機能する訳ではありません。その施設を、集まったり、繋げたり、新しい価値を生み出したりする拠点として機能させるには、その仲介を担う繋ぎ手、すなわちコーディネーターが必要です。その機能は、真砂の場合は、岸本氏が中心となって担っていますし、東吉野の場合は、坂本氏が担っています。繰り返し述べてきたように、両氏とも、単に、この拠点の運営者として関わっているのではなく、以前より深くこの地域に関わりをもち、拠点づくり発案、企画から一貫して関わっている方々です。また、両氏とも移住者で、若い世代であることなど、これらの拠点のターゲットとする人々と同じ視点に立つことができる、という点も共通しています。

地域との関係性を蓄積しながらも、この拠点のユーザーの理解ができ、地域内外の人のニーズやシーズを聞きながら、それらをマッチングすることの出来る繋ぎ手がいることによって、施設はコミュニケーションや新結合、さらには、学習、移住促進、価値創造などの場として機能します。ただし、このようなハブとなる人物は一人である必要はありません。逆に一人だけに依存してしまうことは、活動継続上のリスクにもなりますので、複数のチームとなっていることが理想です。また、移住者や若者のニーズが分かることが重要ですが、必ずしも移住者や若者である必要はありません。しかし実際のところ、人が減少する農山村においては、容易にそうした人材が見つからないことも多く、繋ぎ手の確保や育成は一つの大きな課題となります。

2　拠点の魅力を維持するために

以上に見てきた、拠点づくりの要点ですが、つくってみたものの、人があまり集まらない、もしくは、次第に寄りつかなくなる、という事態に陥ることも少なくありません。ただ、全国で行われている拠点づくりを見渡してみると、問題の多くは、その拠点を開設するまでのプロセスにおいて、先に示した要点などをしっかり押さえていないことに起因するように思われます。極端に言えば、①これまでと同じ場所に、②当事者でない人がつくり、③見た目や居心地が悪く、④繋ぎ手がいないような拠点は、開設まもなく、上手くいかなくなるでしょう。しかしながら、提示した要点を踏まえて、適切に拠点づくりがおこなわれた場合であっても、それを継続して維持し発展させていくことは容易ではありません。そこで、ここでは拠点の維持発展において重要と思われることを整理しておきたいと思います。

①　開けておく

一つ目は、施設を開けておく、ことです。あまりに当然のことに思うかも知れませんが、開いている時間、人がいる時間が分かり、いつでも立ち寄れることは、拠点の魅力として重要です。しかしその一方で、拠点を開け続けることは、実は非常に難しいことです。農山村におけるこうした拠点では、都市部の類似の拠点のように利用料収入を多く見込めないため、自主財源で専従スタッフを配置することは困難です。複数のスタッフを雇用することはさらに難しいので、一人体制であることも多いのですが、そうすると、出張などの仕事の用事、さらには家庭や健康上の都合等によって施設を閉めざるを得ない日も出てきます。東吉野の場合は、行政が移住相談の業務を行うため駐在スタッフの人件費を拠出していますが、そうした公的サポートは不可欠と思われます。

定期開館をすすめる方法の一つとして考えられるのは、その施設を自らの仕事の拠点にして活動する人を増やすことです。そのためには、その施設を一つの機能だけでなく、飲食店または個人的な事務所など、いくつかの用途で使えるようにすることが求められます。そうすることで複数の内部関係者を抱えることができ、「ついでに開ける」ということも可能となるのです。

このように、「開けておく」というのは思うより難しく、行政補助金などに依存していた場合には、それが途切れると、閉まりがちになるといった事態に陥ってしまいます。繰り返しになりますが、そうならないためには、利用の幅を広げ、共に施設の利用管理を担うチームをつくっておくことが重要となるのです。

② 高い自由度と中立性を保つ

二つ目は、利用の自由度を高くすることと中立性を保つことです。自由度については、一つに利用の時間や飲食が制限されるということが問題となりがちです。利用可能な時間については、定期的に長く開ける必要はなくとも、夜間も含めて利用者ニーズに応じて自由に使えることが望まれます。また、飲食に関しては、アルコール類も含めて飲んだり食べたり出来ることが理想です。公的な色合いが強い設置や運営の体制のもとでは、どうしても利用が制限されることは理解しますが、コミュニケーションの拠点とするためには、制度面での工夫も含め、自由度を高める努力が望まれます。また、利用のターゲットを絞ることと閉鎖的であることは別です。誰でも気軽に踏み入れることができるような雰囲気づくりや機会づくりも重要なことです。

もう一つの中立性については、この場所が自由な考え方や意見を言える場所であることを担保することを示します。仮に意見が対立するような話題であっても、拠点の管理運営者としては、どちらかの意見に付くのではなく、中立的な立場をとることが望まれます。実際、ある拠点の運営スタッフは、気をつけていることとして、「村の人と移住者、それぞれの意見を公平に聞くように心がけること」と明確に語っています。拠点は地域内外の様々な考えをもつ多様な人々が集まる場所であり、そのような場所でありつづけることが存在価値となります。そのためには、自らはできる限り中立的な立場に立つことが求められます。このような役割は、ワークショップ等でのファシリテーターの役割と似ています。話をしっかり聞く、考えの整理を助ける、話し合いの交通整理をする、進行役になる、先入観をもたない、などファシリテーターのコツとしてよく言われることは、この拠点管理においても共通することと思われます。

③　常に新しいことを行う

三つ目は、常に新しいことを行うことです。そこに行けば、何か面白いことがある、新しい出会いがある、新しい学びがある、そのことが、その場の吸引力となっています。農山村の日常の暮らしの中で、少しの刺激が得られる場所であることが重要です。逆に言えば、いつ行っても常連の同じメンバーがいて、同じ話をしているようでは、人が寄り付かなくなってしまいます。

二つの事例を見ると、様々な試験的な取り組みが繰り返されたり、多種多様な人が出入りしたりしています。真砂では、断続的に様々なイベントが試行されており、そうした中から先に紹介したカフェや居酒屋などが定着しています。東吉野では、毎日、多くの外部者が訪れ、そこに行けば何か新しい出会いや発見があるという場になっています。新しいことを過大に捉えると、その継続は難しく思えるのですが、このように人や情報や活動の移り変わりがあることを、新しい取り組みと同義として捉え、それを目指すのであれば、敷居は随分低くなります。なお、移り変わりの必要性は運営スタッフにおいても同じです。いつまでも同じ顔ぶれとならないように、意識して回転させていくことも重要であり、それが新しさを生み出すとともに、後継の人材を育成することにも繋がるという側面もあります。

以上、拠点の魅力を維持するために必要と思われる点を三つとりあげてみました。他にも重要な事項があるかもしれませんが、少なくともこの三つは不可欠な事項として考えても問題はないでしょう。しかし、今回紹介した二つの事例でさえ、これらを全て達成し続けられるかは分かりません。例えば、施設を開けることに関しては、拠点の活動が充実し注目されるようになると、それと関連して中心スタッフ個人の仕事も充実し、拠点管理に割く時間が少なくなるというジレンマを構造的に抱えます。そして高い自由度や中立性を保ち、新しいことを行うことに関しても、スタッフや行政担当者の異動など内外の環境変化がある中で、容易ではありません。拠点の魅力を維持するために、そうした難しさを分かった上で、地域内外の関係者（ステークホルダー）が協力し合いながら、変化に対応した運営をしていくことが求められます。

3　変革時代の農山村再生手法

以上、本稿では、拠点を生み出し、そこを起点に地域づくり活動を変革したり、加速化したりしてきた先進事例を確認し、そうした取り組みを進めるための要点や課題について考察してきました。最後に、改めて、変革が求められる時代の農山村再生において、拠点としての場をどのように位置づけ、組み込んでいくべきかまとめたいと思います。

①　拠点づくりから始める

まず、最初に確認したいのは、地域の課題解決、価値創造など地域づくりを進める一つの手法として、ハードとしての場づくり、すなわち拠点づくりから始めてみることの有効性です。近年主流となっている一般的な戦略論・計画論の考え方は手元で使えるヒト、モノ、カネなどの地域資源を試算し、達成されうる明確な目的を設定し、それに応じた拠点施設をつくる、というものでしょうが、地域資源が減少する時代においては、この考え方だけでは縮小再生産が繰り返されることになってしまいます。そこで考えるべきことは、この縮小再生産のプロセスを、どこから転換するのかということですが、本稿で提案してきたのは、人々が集まる拠点、ハードとしての場づくりから始めることです。もちろん、これは拠点づくりを目標にするという意味では、戦略的であり計画的であることには違いはありません。しかし大きな違いは、達成目標からブレイクダウンして演繹的に進めるのでなく、大まかな方向性に沿って一つ一つ積み上げながら帰納的に進めるという、そのプロセスの違いにあります。構造としては、まず拠点があって、その後、漸次的に目標が設定されるという二段階方式になっているという理解になります。

拠点づくりは、農山村再生に向けた手段となるのですが、同時に、拠点づくりそのものは目的にもなります。企画や作業など拠点施設の開設に向けた活動を、人的資源を中心に地域のさまざまな資源を再編成したり、広げたりするための機会として積極的に位置づけることにより、これまでの縮小再生産からの転換が図れると考えられます。

なお、こうした拠点づくりを起点に帰納的に地域づくりを進めるという考え方は、バブルの頃に、ハコモノ行政などと揶揄され批判に晒されてきたことや、ＰＤＣＡなどの業務管理フレームやＫＰＩをはじめ数値目標などを過剰に重要視する傾向などによって、受け入れられにくい環境にもあると思います。しかし、ハコモノ批判については、お金を使うことが目的化したことに根本的な誤りがあり、そもそも別問題ですし、革新や創造が求められる案件において、そうした管理手法が最適でないことは周知のとおりです。地域のリーダーや行政担当者、首長など、地域づくりの活動を支援する立場の人々は、そうしたアプローチの有効性や必然性への理解を深めることが必要です。その一方で、活動主体となる人々は、活動を取り巻く現代の環境を理解し、活動のプロセスを広く共有するとともに、できる限り客観的なデータを提供する努力も求められます。

また、拠点づくりから始めるとは、拠点施設の開設からスタートすることを強調したのみであって、もちろん、施設開設さえすれば、順次、物事がうまく進むということを伝えたいのではありません。先に述べたように、開設に向けたプロセスや開設後の運営など、ハードとしての場をつくりながら、その上にどのようにソフトとしての場、つまり人々が集まる機会をつくるかということが問われます。拠点づくり（ハード）と活動（ソフト）は一体的なものと考えるべきです。こうしたソフトとしての場のマネジメントの具体的手法については、深く触れることはできませんが（参考となる既存文献は多くあります）、少なくとも「拠点の魅力を維持するために」と先述した3点は重要なポイントです。

さらに、拠点について、もう一つ改めて確認しておきたいことは、建物として拠点は地域のシンボルとなり、拠り所となるという側面です。それゆえに、既に述べたとおり、見た目や居心地など、デザイン面での施設としてのスペックの高さが非常に重要となります。また、さらに加えるならば、その拠点がしっかり地域に根ざしていることも重要です。そのためにも建物自体が、地域における連続性や正当性を担保していることが望ましく、今回の事例のように古い建物の再利用は、おのずからそうした地域との関係性を補強するという点において適しているといえるでしょう。

②　拠点を繋げる

拠点づくりからの農山村再生を考える上で、もう一つ考えるべきことは、地域における拠点のネットワークです。地域内で拠点となる場所を一つだけと考えるのではなく、複数のものが機能を分担し連携するように存在することが望ましいと考えます。今回、変革の基点となる新しい場として、真砂の「てれぇぐれぇ」、東吉野の「オフィスキャンプ東吉野」を紹介しましたが、それぞれ、公民館や役場などの既存の拠点との役割分担のなかで存在しています。前者はどちらかといえば地域内でこれまで関わりが少なかった層をターゲットにしていますし、後者は明確に、地域外の人々をターゲットにしています。この事例だけをみても、それぞれ地域内で求められる機能が異なります。集まる目的はビジネスや事業創出なのか、地域の課題解決的なものか、それとも交流や学習なのか、年代や性別の区別はどうなのか、そして地域の内部向けか外部向けか、など、その拠点の主たる目的やターゲットによって、求められる機能や建物としてのスペックも異なります。これらを一同にして多目的または多世代の拠点とせずに、あえて分けること、戦略的に「ずらす」こと、その上で「繋げる」ことが大事です。

図8は、そうした地域内における拠点の機能分担とネットワークを範域とともに概念的に示したものです。図の中心から集落域、旧村・中学校区域、町・村域としており、ぞれぞれの領域に求められる機能を一例として示しています。あくまでイメージ的なものですが、中心にある集落の単位では自治や生活に関する暮らしの拠点があり、その外側にある旧村・中学校単位では、学習や課題解決のための中核的な拠点がある。そして、一番外側の町・村の単位では、

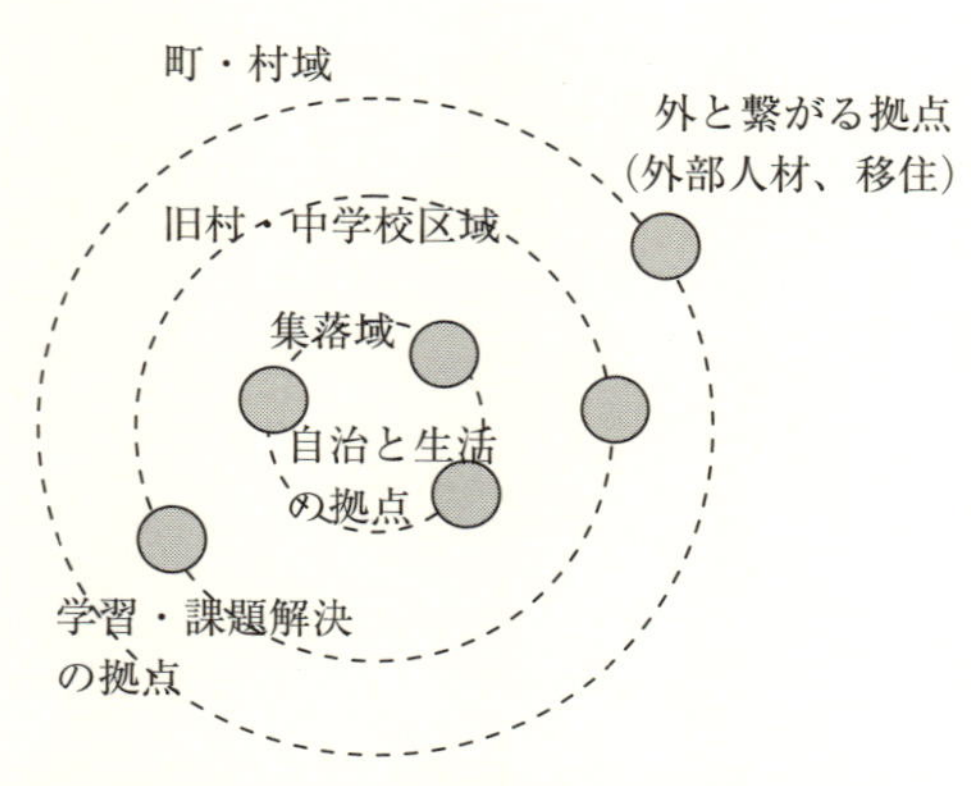

図８　地域における拠点ネットワークのモデル

地域外の多様な主体や移住者のゲートウェイとなる外と繋がる拠点がある、というような分担とネットワークです。もちろん、実際はこの通りである必要もなく、例えば、集落域に学習・課題解決の拠点や外と繋がる拠点の存在が求められる場合もあると思います。地域内だけでなく、地域外に拠点をもち、そのネットワークが必要になることもあるでしょう。なお、新設や改修したものだけを拠点として考える必要もありません。地域内には、そのまま使える施設も既に多くあるはずです。大事なことは、地域の課題、既存の施設の配置などを考慮して、それぞれに求められる機能を整理し、ネットワーク化させるという視点です。

ところで、このような広域的な視点に立った分析やシステムづくりは、住民レベルで組み立てることは難しく、行政をはじめ、今回紹介した公民館のような機関、もしくはＮＰＯなどの中間支援組織などが先導的な役割を果たしていくことが期待されます。今後、全国の農山村各地において、公共、民間問わず、利用されなくなる施設が更に増加することが予想される中、空き施設の活用を単体ではなく地域レベルで考え、その管理体制を構築していくことは、地域の資源管理という視点からも求められることです。

③　人を繋げる

最後に、最も重要なのが、人を繋げること、そして繋ぐ人を育てることとです。本稿では、ハードとしての場、すなわち拠点となる施設に注目していますが、その拠点は「舞台」を提供するだけであって、実際は、人を媒介して、人が繋がり、人々の相互作用によって、新しい取り組み、そして変革は生まれます。しかし、これはリーダーやコーディネーターの存在が不可欠であり、彼・彼女らがいないとそもそも始まらない、という指摘をしようとするのではありません。むしろその逆で、本稿で訴えてきた「場づくりから始める」というのは、拠点をしっかり創出すれば、そうしたリーダーやコーディネーター的な役割を果たす人材が生まれるというアプローチです。これは生き物の生息に例えるならば、その生き物にとって住みやすい場所（ビオトープ）をつくれば、いつかその生き物が住み着く、というような考えに近いものです。いささか極端な例えではありますが、良い拠点、良い環境をつくることの重要性がイメージできるのではないかと思います。

その上でですが、じっと待っているだけではなく、人を呼び寄せないといけません。稀に、そうした条件がなくとも、偶然やってきて、自ら良い環境をつくりだすということがあるかもしれませんが（ただし一見、「偶然」に見えるものの多くは、それまでの環境づくりの蓄積があるものです）、やはり、リクルート活動は必要です。人材確保は容易でないことですが、こうした拠点づくりの活動を通して、地域内外の「人材」を見いだすことが重要です。なお、人材育成の基本は、潜在的な関係者の中にスポットライトを当てることと考えます。そうした内部への目配せとあわせてＩＣＴやマスコミなどの様々な媒体によるプロモーションを積極的におこない、これまで関係のない人材を獲得することにも意識を広げるべきです。

なお、ここでいう繋ぐ人も、ある一人のことを指すのではありません。一人が全てのハブになるような構造でなく、複数人がハブとなりながら、相互に繋がり合うような構造をつくることが望ましいと考えます。そして、地域内はもちろんのこと、地域外に住む人も繋ぐ人になりうると考えるべきです。

しかしながら、誰もがそのまま繋ぎ手となりハブとなれる訳ではありません。その能力を発揮するには、年齢や性格のような先天的な要素もあるでしょうし、一定のスキルも求められるでしょう。また、これまでの人生や職業的なキャリアを通して多くの人と繋がっていることも大事な要素となるでしょう。ただし、このキャリアをとっても、それが有利に働くことがある一方で、それがないことの方が上手くいくこともあります。年齢や性別もしかりです。その地域や拠点がおかれている状況、目的、関わるネットワークの特性などによって適性は異なるのです。その点において、繋ぎ手としての向き不向きや求められるスキルなどは一概には言えませんが、これまで「繋ぐ人」と出会う中で、重要と感じる点をあげるとすれば、それは、人の話を聞くこと、情報を発信すること、中立性を保つこと、そして、地域への愛着があること、などです。人の話を聞くことはインプットを増やすことになります。情報発信はアウトプットを増やすことであり、その過程で情報が整理されるとともに、外から新たなインプットを呼び寄せます。中立性は、特定の利害関係に偏らないことや個人情報の扱いへの高い意識を示し、愛着は、結局なんのために人を繋ぐのか、根本的な理念と深く関係すると思われます。短期的な経営資源を繋ぐだけでなく、地域の過去と未来を考えるような長期的な視野を持つことにもつながるでしょう。こうした特性は意識することによって身につけられることがほとんどですので、その意味では、経験と学習を経ることによって、誰でも繋ぐ人になれると考えられるのです。

なお、実務的には、地域の人材の繋がりが「見える化」されていることも有用です。多くの人が関わり、その関係性も日々変化するなかで、その全てをアップデートしながら共有することは容易ではありませんが、テーマに応じて誰に尋ねたら良いのか、仲間としてハブになってくれる人は誰か、などのレベルで十分なので把握しておくことが求められます。また、その確認や「見える化」のプロセスを通して、当該者にネットワークの一員であることを認識してもらうのも重要であり、そうした中で、次世代の育成が図られるのが理想と考えます。

以上、拠点をつくること、地域内の複数の拠点をつくり役割分担と連携を図ること、その拠点の上で、内外に拡がる人材のネットワークを構築すること、というプロセスにて、拠点づくりから始める農山村再生の一つの道筋を示しました。「拠点づくりから始める」ことは、農山村再生にむけた取り組みを始めるにあたって、どこに起点を置くかということに過ぎないかもしれませんが、現実に目に見えるという点において、計画的、政策的に手をつけやすいという利点もあります。また、このようにハードを変えることによって、偶発的、蓋然的に、組織や経営資源に変化が起きるのを待ち、結果として活動のパフォーマンスが高まることを進める手法については、「計画しない計画」をどう計画し、マネジメントするのかという課題に突き当たります。本稿はこの課題についても、いくつかの答えを導いたつもりですが、示せたのはその一部であり、体系的な整理にはまだまだ課題が残ります。そのように未だ手法として発展の途にある状況ではありますが、ここで示した「拠点アプローチ」が地域づくりの一つの手法として認知され、農山村の再生の実践に役立つことを願うとともに、そうした実践知の蓄積に基づき、理論的な整理も更に進めたいと思っています。

参考文献

（1）伊丹敬之『場の論理とマネジメント』、東洋経済新報社、２００５年
（2）中塚雅也・川口友子・星野敏「小学校区における地域自治組織の再編プロセス―「場」の生成の視点から―」『農村計画学会誌』28（3）、２００９年、１３５～１４０頁
（3）中島正裕「ワークショップ機能を補完する「場」とは?」『農村計画学会誌』37（1）、２０１８年、73～74頁
（4）柴崎浩平・中塚雅也「農山村に移住した若者が描く生活像に関する一考察――地域おこし協力隊員を事例として」『農村計画学会誌』35（論文特集号）、２０１７年、２５３～２５８頁

解題　農山村における拠点の意義―田園回帰時代の新たな農村計画論―

小田切　徳美

1　「にぎやかな過疎」と拠点

最近、農山村を歩くと、「過疎地域にもかかわらず、にぎやかだ」という矛盾した印象を持つことがある。人口データを見る限りは依然として過疎であり、自然減少が著しいために、人口減のスピードはむしろ加速化したりしている。しかし、地域内では新しい小さな動きが沢山起こり、なにかガヤガヤしている雰囲気が伝わってくる。それを「にぎやか過疎」と称している。

例えば、徳島県美波町である。同町では移住促進の取り組みが早くから行われていたが、そこにサテライトオフィスという形での仕事の持ち込み（「移業」と呼ぶ）も生じている。そして、移住した若者が祭りをはじめとする各種の地域活動に参加している。そうしたにぎやかさもあり、飲食店の新規開業も発生している。同じような状況は、福島県三島町、愛知県東栄町、山口県阿武町でも見られる。

これらの地域は、国内に点在する田園回帰の「ホットスポット」であり、移住者数は増加基調にある。しかし、単なる頭数だけではなく、彼らがネットワークを作り、それ自体が動き出している。移住者相互の「人が人を呼ぶ」という関係はさらに活発化して、ある起業が別の仕事を生み出すような関係が見られる。

そして重要なことは、地域の元々の住民と移住者が気軽に話をできる交流の場所・拠点を、シェアハウス、カフェなどの形で作っている点も共通している。こうした多様な人々の交流を、最近では「ごちゃまぜ」というキーワードで表現することもあるが、多彩な人々が気兼ねなく訪れ、交流し、時には新しいアクションの出発点となる場所・拠点がいずれの地域でも存在している。先の「にぎやか」という印象はここから発信されていることが多い。

本書は、まさにその場所・拠点に注目して、その重要性とそのポイントを解明している。時宜を得た研究報告である。

２　場所・拠点の位置付けとその変遷

筆者の中塚氏は本書の冒頭で「場」という言葉を使い、この「拠点」の重要性を整理している。著者がソフトとハードの「二層」としているように、ハードとしての場所・拠点（ハードとしての場）とソフトとしての「仕組み」（ソフトとしての場）にかかわる位置付けの重要性は従来からもしばしば議論されてきた。それは、下記の図のような変化を伴っていると整理できる。

まず、①が「ハード偏重期」であり、場所・拠点が必要以上に重視された時期である。その大きな背景には「成長の時代」があろう。経済成長が地域の隅々まで影響を及ぼし、なにがしかの場所や拠点を作るだけでモノや人が集まる時代が以前はあった（この状況を図では、「場面（ストーリー）の形成」と表現した）。

しかし、そうではない時代となるに従い、次第に「ソフト重視」が言われ、②のようにいつのまにか場所・拠点の位置づけはなおざりになってしまった。それは、行き過ぎた揺り戻しでもあった。したがって、③で示したように、ソフトとハードのバランスの必要性が言われるようになっている。

以上は、常識的なことであり、なんら新鮮みもない。ところが、筆者はこうした「常識」に反して、むしろ「先に、拠点を

図　「場所・拠点」の位置付けとその変遷

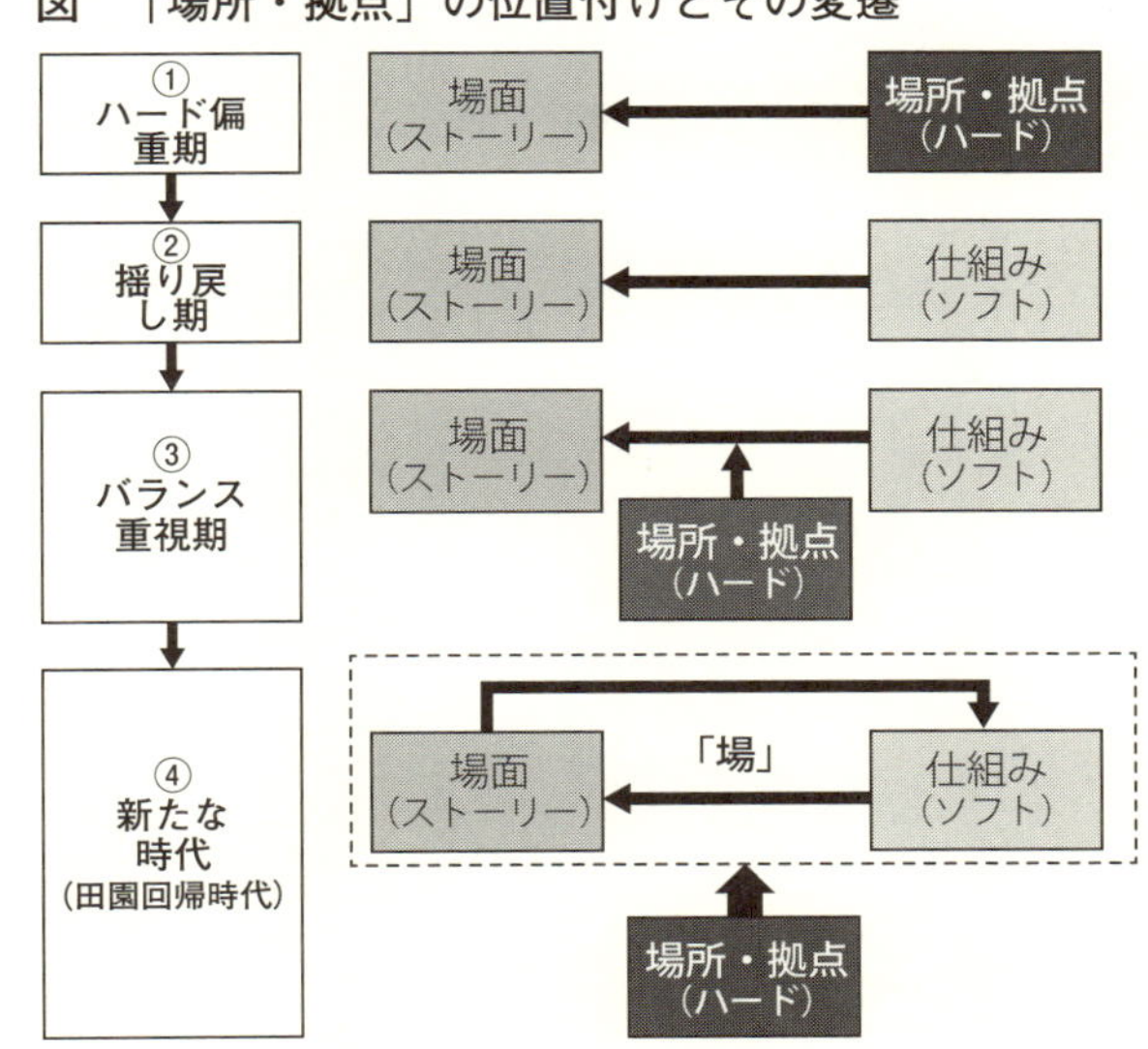

つくることによって停滞した状態を変えることが可能である」としている。しかも、それは①への回帰を主張するものではない。

解題者は、それの意味を図中の④のように理解した。それは仕組（ソフト）が場面（ストーリー）を作るだけでなく、生まれた場面（ストーリー）が新たな仕組みを作るという循環やそのための試行錯誤を含む動きが生じている。その場合、そうした状況を支える場所・拠点こそが重要であり、その先行的な整備が求められるという論理である。そして、この状況は、著者も引用しているように、経営学において、企業の成長を論じるにあたって、「人々がそこに参加し、意識・無意識のうちに相互に観察し、コミュニケーションを行い、相互に理解し、相互に働きかけ合い、相互に心理的刺激をする、その状況の枠組み」(伊丹敬之『場の論理とマネジメント』)として重視されていた「場」とまさに重なる。

つまり、農山村においても、このような「場」とそれを支える物的な場所が重要となる新しい状況を筆者は緻密な実態調査を通じて感じ取り、本書においてそれを問題提起しているのである。その点で、この議論は農山村の「場のマネジメント」の必要性を、拠点のあり方を中心にして明らかにしたものと言える。

3　田園回帰時代の新たな農村計画論—その誕生と課題—

問題は、なぜ、このような「場のマネジメント」の必要性が生じ始めたのであろうか。それを語っているのが、2つの事例を論じたⅢ章、Ⅳ章である。その丁寧な論述から見えてくるのは、ここでの場所・拠点が、いずれも、移住者を含めた多様な人々、多世代の人々の「ごちゃまぜ」な状況を支えていることである。つまり、そのような状況が、農山村に生まれていること、つまり田園回帰の時代における、ひとつの必然的な方向性であろう。

その点で、象徴的なことは、島根県益田市真砂地区では、活発に活動する公民館の横に「ひら山のふもとカフェ・てれぇぐれぇ」が「何でもできる集いの場」として設置されていることである。本書では、それをフォーマル（公民館）—インフォーマル（てれぇぐれぇ）の違いとして説明しているが、それに加えて、従来の住民を中心に参加する場と移住者を含めて「ごちゃまぜ」に参加する場の違いでもあろう。その点で、こうした議論が求められる背景には、移住者がある程度多くなったことを背景としているように思われる。

そうであれば、本書での議論は、「田園回帰時代の新たな農村計画論」とも言える。実際に、そのように意識して読めば、筆者がV章でまとめた、①ずらすこと、②自分たちでつくること、③見た目と居心地の良いこと、④繋ぎ手（特に移住者）の役割が重要であること、⑤常に開けておくこと、⑥自由度と中立性を持つこと、⑦常に新しいことを行うことは、場所・拠点にかかわる要点にとどまらない。新たな時代の農山村全体にかかわる計画原則として読むこともできる。

中塚氏の専門領域は、農業経営学と同時に農村計画論である。両者の融合を意識しつつ、さらに兵庫県篠山市における実践的な取り組み（神戸大学・篠山市農村イノベーションラボ――中塚氏はそのディレクターを務める）を含め、多数の現場に精通する筆者ならではの理論構築への挑戦であろう。

そして、本書の延長線上には、①場所・拠点と公民館のあり方、②場所・拠点と福祉のあり方という新しい課題の登場が予想される。①については、現在、「地方創生の拠点」として再評価されている公民館がこうした「ごちゃまぜ」を実現するためにはどうすればよいのかという社会教育論の課題でもある。また、後者に関しては、そもそも「ごちゃまぜ」は福祉の取り組みの中から生まれてきた戦略であり（竹本鉄雄・雄谷良成『ソーシャルイノベーション』ダイヤモンド社、2018年）、高齢者、障害者、就労支援対象者を含めた住民活動と拠点のあり方という福祉政策論の課題も見えてくる。

他の研究分野とも連携した、新たな農村計画論のより高いレベルへのアップグレードも中塚氏には期待される。

【著者略歴】

中塚 雅也［なかつか　まさや］

〔略歴〕

神戸大学大学院農学研究科食料環境経済学講座 准教授。1973年、大阪府生まれ。
神戸大学大学院自然科学研究科博士後期課程修了。博士（学術）。

〔主要著書〕

『地域固有性の発現による農業・農村の創造』編著，筑波書房（2018年），『大学・大学生と農山村再生』共著，筑波書房（2014年）『農村で学ぶはじめの一歩―農村入門ガイドブック』昭和堂（2011年）編著。

【監修者略歴】

小田切 徳美［おだぎり とくみ］

〔略歴〕

明治大学農学部教授。1959年、神奈川県生まれ。
東京大学大学院農学生命科学研究科博士課程単位取得退学。農学博士。

〔主要著書〕

『農山村は消滅しない』岩波書店（2014年）、『世界の田園回帰』農山漁村文化協会（2017年）共編著、『農山村からの地方創生』（2018年）共著、他多数

JCA研究ブックレットNo.24
（旧・JC総研ブックレット）

拠点づくりからの農山村再生

2019年1月17日　第1版第1刷発行

著　者 ◆ 中塚 雅也
監修者 ◆ 小田切 徳美
発行人 ◆ 鶴見 治彦
発行所 ◆ 筑波書房
東京都新宿区神楽坂2-19 銀鈴会館 〒162-0825
☎ 03-3267-8599
郵便振替 00150-3-39715
http://www.tsukuba-shobo.co.jp

定価は表紙に表示してあります。
印刷・製本＝平河工業社
ISBN978-4-8119-0545-7　C0036